கால்குலஸ் [நுண்கணிதம்]

ஒரு ஆழ்ந்த நுண்ணிய பார்வை

AN INFINITE LOVE WITH CALCULUS

THE ESSENCE OF DIFFERENTIATION AND INTEGRATION

MOHAMED ANWAR
UMADEVI

notionpress.com

INDIA • SINGAPORE • MALAYSIA

Notion Press

No. 8, 3rd Cross Street,
CIT Colony, Mylapore,
Chennai, Tamil Nadu – 600 004

First Published by Notion Press 2020
Copyright © Mohamed Anwar, Umadevi 2020
All Rights Reserved.

ISBN 978-1-64899-670-2

பொருளடக்கம்

முன்னுரை

பள்ளி முதல் கல்லூரி வரை அனைத்து மாணவர்களுக்கும் கால்குலஸ் (Calculus – நுண்கணிதம்) என்பது ஒரு புரியாத புதிரான பாடமாகும். மற்ற கணிதப் பாடங்கள் அனைத்தும் கணிதத்தின் அடிப்படைச் செயல் முறைகளான கூட்டல், கழித்தல், பெருக்கல், வகுத்தல் ஆகியவற்றை அடிப்படையாகக் கொண்டவை. ஆனால், கால்குலஸ் என்பது கூட்டல், கழித்தல் போல் அல்லாமல் வகையீடு (Differentiation) மற்றும் தொகையீடு (Integration) என்ற இரு செயல் முறைகளையும் அவை உள்ளடக்கியச் சமன்பாடுகளையும் (Equations) பற்றி விளக்குகிறது.

கால்குலசை சரியான முறையில் புரிந்து கொள்ளக் கணிதத்தின் முழுப்பகுதியையும் தெரிந்திருக்க வேண்டிய அவசியமில்லை. அடிப்படையான சில கணிதக் கொள்கைகளையும் கோட்பாடுகளையும் சரியாகப் புரிந்து கொண்டாலே கால்குலசைத் தெளிவாக விளங்கிக் கொள்ள முடியும். இயற்கணிதம் (Algebra) மற்றும் வடிவியல் (Geometry) ஆகியவற்றின் அடிப்படைக் கொள்கைகள் தெரிந்த எவரும் கால்குலசை எளிதாகப் புரிந்து கொள்ள முடியும். மேலும் இதற்குத் தேவையான அடிப்படைக் கொள்கைகள் (Basic Principles) அனைத்தும் முதல் பாடத்தில் விளக்கப்பட்டுள்ளது. எனவே அடிப்படைக் கணிதச் செயல் முறைகளான கூட்டல், கழித்தல், பெருக்கல், வகுத்தல் தெரிந்த எவரும் இந்தப் புத்தகத்தைச் சரிவரப் புரிந்து கொள்ள முடியும்.

பின்வரும் நபர்களுக்கு இந்தப் புத்தகம் மிகவும் உதவியாகவும், அவர்களைக் கவரும் விதத்திலும் இருக்கும்.

- தமிழ்வழி மற்றும் ஆங்கில வழியில் கணிதம் படித்த மாணவர்கள்.
- கால்குலசின் (Calculus - நுண்கணிதம்) அடிப்படையை விளங்கிக் கொள்ள வேண்டுபவர்கள்.
- கால்குலசை சரிவரப் புரிந்து கொள்ள முடியாத பொறியியலாளர்கள் (Engineers) மற்றும் தொழில் நுட்பவியலாளர்கள் (Technologists).

ஒரு பாடத்தைத் துல்லியமாகப் புரிந்து கொள்வது என்பது எப்பொழுதுமே மாணவர்களுக்கு மிகவும் கடினமான ஒன்று. அவ்வாறு நாம் பள்ளியில் ஒன்றுமே புரியாமல் படித்து, தேர்ச்சி பெற்று இப்பொழுதும் நமக்குப் புரியாமலேயே நமது வாழ்க்கையில் தினசரிப் பயன்படுகிற ஒரு பாடமான கால்குலசை சரியான முறையில் புரிந்து கொள்ள இந்தப் புத்தகம் மிகவும் உதவியாக இருக்கும்.

01

அடிப்படைக் கொள்கைகள்

எண்கள் (Numbers):

எண்கள் என்பவை எண்ணுவதற்காகவும், அளப்பதற்காகவும் (Counting and Measuring) பயன்படுத்தப்படும் மிக அடிப்படையான ஒன்று ஆகும். வரலாற்றில் எண்களின் கண்டுபிடிப்பும் அதன் தேவையும் எப்போது உணரப்பட்டதோ அப்போதுதான் கணிதவியல் தோற்றமானது எனலாம்.

எண்களை இயல் எண்கள் (Natural Numbers), முழு எண்கள் (Whole Numbers), முழுக்கள் (Integers), விகிதமுறு எண்கள் (Rational Numbers), விகிதமுறா எண்கள் (Irrational Numbers) எனப் பலவாறு வகைப்படுத்தலாம். மேற்குறிப்பிட்ட அத்தனை வகை எண்களையும் உள்ளடக்கியக் கணத்தை அல்லது குழுவை (Set of all existing numbers) மெய்எண்கள் (Real Numbers) எனலாம்.

இயல் எண்கள் (Natural Numbers):

இயற்கையாகவே எண்ணுவதற்குப் பயன்படும் எண்களான 1,2,3,4,..... ஆகியவை "இயல் எண்களாகும்". நாம் நம் கைவிரல்களைப் பயன்படுத்தி எண்ணுதல்தான் இயல் எண்களின் துவக்கம் எனக் கொள்ளலாம். அதாவது இயல் எண்கள் என்பவை ஒன்று, இரண்டு,

மூன்று........ என எண்ணுதலின் அடிப்படைச் செயலிலிருந்து தோன்றியவை.

இயல் எண்கள் (Natural Numbers) = $\{1, 2, 3, 4 \ldots\ldots\ldots\ldots \infty\}$

[குறிப்பு: ∞ என்பது முடிவிலியைக் (Infinity) குறிக்கும். அதாவது எண்களுக்கு முடிவு என்பது இல்லை. எண்களிலேயே பெரிய எண் என்று நாம் எதையும் சொல்ல முடியாது. அது சென்று கொண்டே இருக்கும். அதனால்தான் கடைசி எண்ணை முடிவிலி (Infinity) என்ற வார்த்தையால் குறிப்பிடுகின்றோம். ஆனால் உண்மையில் அப்படி ஓர் எண் இல்லை. எனவே இருக்கிற எண்களிலேயே பெரிய எண் எது என்று கேட்டால் முடிவிலி (Infinity) எனச் சொல்லலாம்.]

முழு எண்கள் (Whole Numbers):

எண்ணுதலின் போது எதுவும் இல்லாமல் இருப்பதைச் சுழி அல்லது பூஜ்ஜியம் (zero) எனக் குறிக்கிறோம். பூஜ்ஜியத்தை உள்ளடக்கிய இயல் எண்கள் "முழு எண்கள்" எனப்படும்.

முழு எண்கள் (Whole Numbers) $= \{0, 1, 2, \ldots\ldots \infty\}$.

முழுக்கள் (Integers):

கணிதத்தின் அடிப்படைச் செயல்களில் ஒன்றான கழித்தலில் (Subtraction) ஒரு சிறிய எண்ணில் இருந்து பெரிய எண்ணைக் கழிக்கும் (Subtract) போது குறை எண்கள் (Negative Numbers) உண்டாகின்றன.

உதாரணத்திற்கு, $5 - 8 = -3$, $0 - 1 = -1$, $1 - 5 = -4$

-1, -2, -3.... ஆகியவை குறை எண்கள் (Negative Numbers) எனப்படுகின்றன. குறை எண்களையும் (Negative Numbers) உள்ளடக்கிய முழு எண்கள் (Whole Numbers) "முழுக்கள் (Integers)" எனப்படும்.

முழுக்கள் (Integers) $= \{-\infty, \ldots\ldots -3, -2, -1, 0, 1, 2, 3, \ldots\ldots \infty\}$.

[குறிப்பு: மிகை எண்களில் பெரிய எண் எவ்வாறு ∞ எனக் குறிக்கப்படுகிறதோ அதுபோல் குறை எண்களில் பெரிய எண் −∞ எனக் குறிக்கப்படுகிறது.]

விகிதமுறு எண்கள் (Rational Numbers)

அரை (1/2), கால் (1/4), நூற்றில் ஒரு பங்கு (1/100), ஐந்தில் இரண்டு பங்கு (2/5), $\sqrt{4}$, $\sqrt{2.25}$, $\sqrt{1.25}$ இது போன்ற எண்கள் விகிதமுறு எண்களுக்கு எடுத்துக்காட்டாகும். இரண்டு எண்களின் விகிதமாக அமையும் எண்கள் விகிதமுறு எண்கள் ஆகும். அவை முற்றுப் பெற்ற அல்லது முற்றுப் பெறாத தசம எண்களாக (terminating or non-terminating decimal numbers) அமையலாம். உதாரணத்திற்கு $\frac{1}{2} = 0.5$ என்பது முற்றுப்பெற்ற தசம எண்ணாகும். அதுபோல் $\frac{1}{3} = 0.3333333....$ என்பது முற்றுப்பெறாத தசம எண்ணாகும். மேற்குறிப்பிட்ட விகிதமுறு எண்கள் (Rational Numbers) அல்லது தசம எண்களை (Decimal Numbers) உள்ளடக்கிய முழுக்கள் (Integers) விகிதமுறு எண்கள் எனப்படும்.

$$\text{விகிதமுறு எண்கள் (Rational numbers)} = \left\{ -\infty, ...-\frac{8}{3}, ..-\frac{5}{2}, -2, -\frac{1}{2}, 0, \frac{1}{2}, 1, \frac{3}{2}, ...\frac{100}{3}.....\infty \right\}.$$

விகிதமுறா எண்கள் (Irrational Numbers):

விகிதமுறா எண்கள் (Irrational Numbers) என்பவை திரும்பத் திரும்ப ஒரே மதிப்பைப் பெறாமல் வெவ்வேறான மதிப்புகள் தொடர்ந்து வந்து கொண்டிருக்கும் முற்றுப்பெறாத தசம எண்களாகும் (non terminating and non repeating decimal number).

உதாரணமாக $\sqrt{6.25} = 2.5$, இது ஒரு முற்றுப்பெற்ற தசம எண் (finite decimal number). ஆனால் $\sqrt{2} = 1.414213....$ மற்றும் $\pi = 3.14159265358979323846...$ மேற்குறிப்பிட்ட $\sqrt{2}, \pi$ போன்ற எண்கள் விகிதமுறா எண்களுக்கு (Irrational numbers) எடுத்துக்காட்டுகளாகும். இதுபோல் $\sqrt{5} = 2.2236067977499...$, $e = 2.718281......$ போன்ற எண்கள் விகிதமுறா எண்கள் (Irrational Numbers) ஆகும்.

குறிப்பு: இங்கு π என்பது $\frac{22}{7}$ என்ற எண்ணிற்குத் துல்லியமாகச் சமம் கிடையாது. நம்முடைய வசதிக்காக $\pi \cong \frac{22}{7}$, அதாவது தோராயமாகச் சமம் என எடுத்துக் கொள்கிறோம். $\frac{22}{7}$ என்ற எண் விகிதமுறு எண் (rational number) ஆகும் $\left(\frac{22}{7}=3.142857\right)$. ஆனால் π ஆனது விகிதமுறா எண் (Irrational number) ஆகும்.

மெய் எண்கள் (Real Numbers):

மேற்குறிப்பிட்ட அனைத்து வகை எண்களையும் உள்ளடக்கியக் கணத்தை (set of all existing numbers) மெய் எண்கள் (Real Numbers) எனலாம். மெய் எண்களுக்கு எடுத்துக்காட்டு,

$$\boldsymbol{R}=\left\{-\infty...-10000\ldots.,-5,-\sqrt{3}...-1\ldots0\ldots\frac{1}{1000}\ldots0.5...1\ldots\sqrt{2}\ldots5\ldots100.\,..\infty\right\}$$

எவையெல்லாம் எண்கள் எனச் சொல்லப்படுகிறதோ அவை எல்லாமே மெய் எண்கள் (Real numbers) ஆகும்.

கற்பனை எண்கள் (Imaginary Numbers):

கற்பனை எண்கள் (Imaginary Numbers) என்பவை உண்மையிலேயே கணிதத்தில் இல்லாத அல்லது வரையறைப்படி சாத்தியமில்லாத எண்கள் ஆகும்.

நமக்குத் தெரியும், $2\times2=4$ அல்லது $2^2=4$. அதாவது வர்க்கம் (square) என்பது ஒரே மாதிரியான இரு எண்களைப் பெருக்குதல் (multiplication) ஆகும். எனவே இரண்டின் வர்க்கம் நான்கு (square of two is four) ஆகும்.

அதுபோல் -2 ன் வர்க்கம் (Square), $(-2)\times(-2)=(-2)^2=4$.

எனவே 2^2 என்பதும் நான்கு தான். -2^2 என்பதும் நான்கு தான்.

அதுபோல் நான்கின் வர்க்க மூலம் (square root of four), $\sqrt{4}=\pm2$.

அதாவது நான்கு என்ற எண்ணிற்கு வர்க்க மூலம் (square root) காண வேண்டும் என்றால் எந்த இரண்டு ஒரே மாதிரியான எண்களைப் பெருக்கினால் (multiplication of two same numbers) நான்கு கிடைக்கும் என்று சிந்திக்க வேண்டும்.

இப்போது, $\sqrt{9} = \pm 3$.

இதிலிருந்து நமக்குத் தெரிய வருவது என்னவென்றால், நாம் இரண்டு மிகை எண்களைப் (Positive Numbers) பெருக்கினாலும், இரண்டு குறை எண்களைப் (Negative Numbers) பெருக்கினாலும் நமக்குக் கிடைப்பது மிகை எண்தான் (Positive Numbers). எனவே மிகை எண்களுக்கு (Positive Numbers) மட்டுமே வர்க்கமூலம் (square root) நாம் காண முடியும். குறை எண்களுக்கு (Negative Numbers) வர்க்க மூலம் (square root) காண முடியாது. ஏனென்றால் எந்த இரு ஒரே மாதிரியான எண்களைப் பெருக்கினாலும் (multiplying two same numbers) குறை எண் (Negative Number) வராது.

அதனால், $\sqrt{\text{குறை எண்கள் (Negative Numbers)}}$ என்பது சாத்தியமில்லாத ஒன்று ஆகும்.

ஆனால் அறிவியல் மற்றும் பொறியியலில் (Science and Engineering) பல்வேறு சிக்கலான சமன்பாடுகளைத் (equations) தீர்க்கும்போது அதற்குத் தீர்வாக (solution) இந்த மாதிரிச் சாத்தியமில்லாத தீர்வு (impossible solution) வர வாய்ப்பு உள்ளது.

உதாரணத்திற்கு, $x^2 + 4 = 0$ என்ற சமன்பாட்டை (equation) எடுத்துக் கொள்வோம்.

இதற்கான தீர்வு (solution) காண முற்பட்டால்,

$$x^2 = -4, \Rightarrow x = \sqrt{-4} \text{ which is not possible.}$$

எனவே இது போன்ற இடங்களில் கற்பனையாக (imaginary) ஒரு எண்ணை எண்ணிக் கொண்டு சமன்பாடுகளைத் (equations) தீர்க்க வேண்டிய அவசியம் உண்டாகிறது.

இது போன்ற தேவைகளில் இருந்துதான் கற்பனை எண்கள் (Imaginary Numbers) என்ற பிரிவு உண்டாகிறது.

கற்பனை எண்களின் (Imaginary Numbers) தொடக்க எண் $\sqrt{-1} = i$ எனக் கொள்ளப்படுகிறது.

இப்போது $\sqrt{-4} = \sqrt{-1}\sqrt{4} = \pm 2i$. அதுபோல் $\sqrt{-9} = \pm 3i$.

மெய் எண்களும் (Real Numbers) கற்பனை எண்களும் (Imaginary Numbers) கலந்த எண்ணிற்குக் கலப்பெண்கள் (Complex Numbers) என்று

பெயர். இந்தக் கலப்பெண்கள் (Complex Numbers) பொறியியல் மற்றும் தொழில்நுட்பம் சார்ந்த பல்வேறு சிக்கலான பிரச்சனைகளைத் (problems related to engineering and technology) தீர்க்க மிகவும் உதவியாக இருக்கின்றன.

மாறிலிகள் (Constants):

மாறிலிகள் (constants) என்பவை எண்களைக் குறிப்பவை. மாறிலியின் (constant) மதிப்பானது எந்த ஒரு நிலையிலும் மாறாதது. உதாரணமாக $5, 7, \sqrt{2}$ etc.., ஒரு கணிதச் செயல்முறையில் மாறிலியானது (constant) நிலையான ஒரே ஒரு மதிப்பை (a fixed value) மட்டுமே பெற்றிருக்கும்.

அறிவியலில் ஒரு சில எண்கள் எப்போதுமே தன் மதிப்பை மாற்றிக் கொள்ளாதவை. உதாரணத்திற்கு ஒளியின் திசைவேகம் (Velocity of light) $3 \times 10^8 \, m/s$, புவி ஈர்ப்பு முடுக்கம் (Gravitational Acceleration) $9.81 \, m/s^2$. இவை எல்லாமே மாறிலிகளாகும் (constants).

மாறிகள் (Variables):

மாறிகள் (variables) ஆங்கில எழுத்துக்களால் குறிக்கப்படுகின்றன (x, y, z, a, b, etc.,).

மாறிகளின் (variables) மதிப்பானது மாறிக் கொண்டே இருக்கும். ஒவ்வொரு மாறியும் ஒன்று முதல் பல மதிப்புகளைக் கொண்டிருக்கும்.

உதாரணம்: $a = 2 \, (\text{or}) \, a = 3 \, (\text{or}) \, a = 5$

$$x^2 - 16 = 0 \Rightarrow x = 4 \text{ and } x = -4$$

உதாரணமாக, ஒரு பேனாவின் விலையை 'x' என்க. இப்பொழுது பேனாவின் விலையானது ஒவ்வொரு நிலைக்கும் அல்லது ஒவ்வொரு இடத்திற்கும் தகுந்தவாறு ஒவ்வொரு மதிப்பைப் பெற்றிருக்கும். இந்த மதிப்புகள் அனைத்தும் ஒரே மாறியின் (variable) கீழ் குறிக்கப்படுகின்றன.

X = ரூ. 4/-, X = ரூ. 5/-, X = ரூ. 4.5/-etc.,

இப்போது இன்னொரு உதாரணத்தைப் பார்ப்போம். நீங்கள் ஒரு நீளமான கம்பியை (rod) எடுத்துக் கொண்டு அதன் ஒரு முனையில் கொஞ்சம் சூடுபடுத்துகிறீர்கள் (heating at one end). இப்போது கம்பியின் ஒரு முனையில் வெப்பநிலை (temperature) அதிகமாகவும் மறுமுனை நோக்கிச் செல்லச் செல்ல வெப்பநிலை (temperature) குறைந்து கொண்டும் செல்கிறது. இங்கு வெப்பநிலையின் (temperature) மதிப்பானது கம்பியின் வெவ்வேறு புள்ளிகளில் வெவ்வேறாக உள்ளது. எனவே வெப்பநிலை (temperature) T என்ற மாறியால் குறிக்கப்படுகிறது.

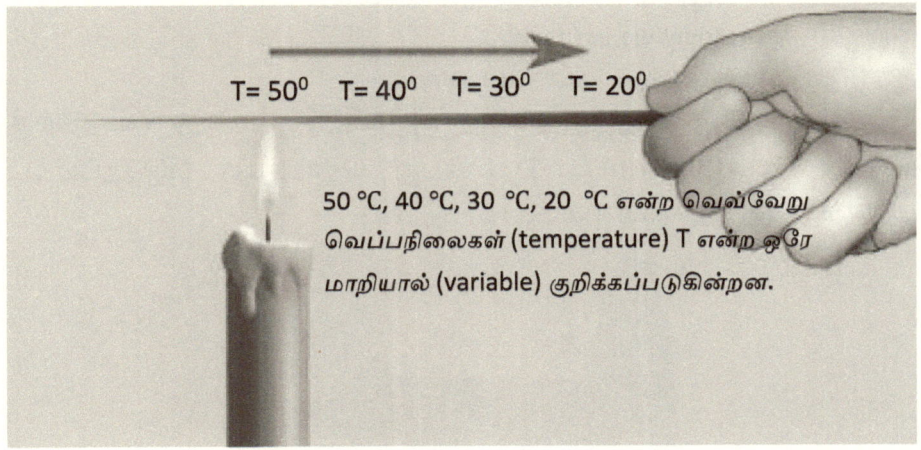

படம் 1.1: மாறிகளின் (variables) தேவைகளை உணர்த்தும் படம்

சார்புகள் (Functions):

சார்பு என்பது இரண்டு குழுக்களுக்கு (groups) இடையேயான அல்லது இரண்டு கணங்களுக்கு (set of members) இடையேயான நன்கு வரையறுக்கப்பட்ட ஒரு தொடர்பைக் (clearly defined relationship) குறிக்கும். இதில் ஒரு குழு உள்ளீடாகவும் (input, x) மற்றொரு குழு வெளியீடாகவும் (output, y) இருக்கும். உள்ளீட்டில் உள்ள ஒவ்வொரு உறுப்பும் வெளியீட்டில் உள்ள ஒவ்வொரு உறுப்போடும் தொடர்புப் படுத்தப்பட்டிருக்கும் (every number in input is connected with an output by the function). சார்பானது (function) பொதுவாக "f"என்ற எழுத்தால் குறிக்கப்படுகின்றது.

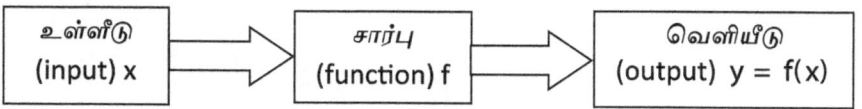

படம் 1.2: சார்பின் வேலையைக் குறிக்கும் கட்டப்படம்
(block diagram that represents the role of function)

உதாரணமாக $f(x) = 2x$ என்ற தொடர்பை எடுத்துக்கொள்வோம். இங்கு x - என்பது உள்ளீடு (input),

f - என்பது உள்ளீட்டை இரண்டால் பெருக்கும் செயலைக் குறிக்கிறது (multiply the input with 2)

$y = f(x)$ என்பது வெளியீடு (output).

(i.e.) $x = \{1, 2, 3, 4, 5, 6 \ldots\ldots\}$ என்ற குழுவிற்கு அல்லது கணத்திற்கு (set) $y = f(x) = \{2, 4, 6, 8, 10, 12 \ldots\}$ என்பது தொடர்புப் படுத்தப்பட்ட மற்றொரு குழுவாகும். (படம் 1.3)

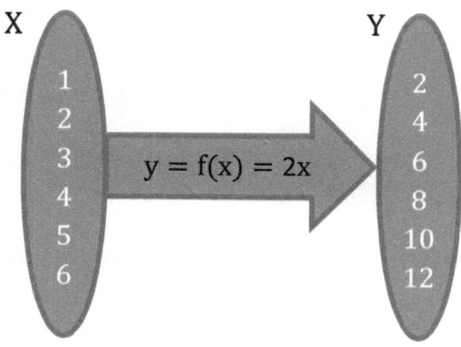

படம் 1.3: $y = 2x$ என்ற சார்பிற்கான x மற்றும் y தொடர்பை விளக்கும் படம்

இப்போது $f(x) = x^2$ என்ற சார்பை எடுத்துக் கொள்வோம். இங்கு f என்பது வர்க்கப்படுத்தும் (squaring) செயலைக் குறிக்கும்.

இப்போது x என்ற உள்ளீட்டிற்குப் (input) பதிலாக 2x என்ற உள்ளீடு f-க்குக் கொடுக்கப்படுமேயானால் 2x

ஆனது வர்க்கப்படுத்தப்பட்டு $(2x)^2 = 4x^2$ என்ற வெளியீடு (output) கிடைக்கும்.

$$\mathbf{f}(2\mathbf{x}) = 4\mathbf{x}^2$$

எடுத்துக்காட்டு:

1. ஒரு வட்டத்தின் பரப்பளவு (area) அதன் ஆரத்தைச் (radius) சார்ந்தது.

$$\text{பரப்பு } \mathbf{A}(\mathbf{r}) = \pi \mathbf{r}^2$$

இங்கு **A** என்ற சார்பு (function) ஆரத்தை (radius) வர்க்கப்படுத்தி (squaring) அதை π என்ற மதிப்புடன் பெருக்கும் (multiplication) செயலைச் செய்கிறது.

2. ஒரு பொருள், குறிப்பிட்ட வேகத்தில் (speed) நேர்க்கோட்டில் கடந்த தொலைவு (distance) அதற்காகச் செலவிடப்பட்ட நேரத்தைச் (time) சார்ந்தது.

தொலைவு, $S = f(t)$

t - நேரம்

சார்பின் வரைபடம் (Graph of a function):

f என்ற சார்பின் வரைபடமானது (graph) அந்தச் சார்பின் உள்ளீடு (X) மற்றும் வெளியீடுகளை (Y) ஆயப்புள்ளிகளாகக் (co-ordinates) கொண்டு கார்ட்டீசியன் தளத்தில் (Cartesian (xy) plane) வரையப்படும் வரைபடத்தைக் குறிக்கும்.

உதாரணமாக, $f(x) = y = x + 2$ என்ற சார்பை எடுத்துக் கொள்வோம்.

இதன் (x, y) மதிப்புகள் பின்வருமாறு,

x	–3	–2	–1	0	1	2	3
y=x+2	–1	0	1	2	3	4	5

அட்டவணை 1.1: $\mathbf{f}(\mathbf{x}) = \mathbf{y} = \mathbf{x} + 2$ என்ற சார்பிற்கான **x, y** மதிப்புகள்

இந்தப் புள்ளிகளை வரைபடத்தில் குறித்து அவற்றை இணைக்கும் போது இந்தச் சார்பின் வரைபடம் (படம் 1.4) நமக்குக் கிடைக்கிறது.

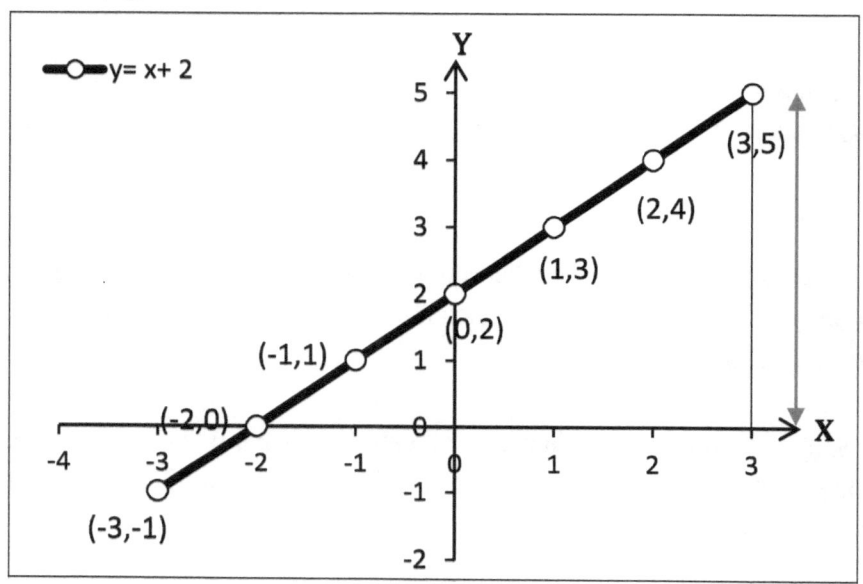

படம் 1.4: $y = x + 2$ என்ற சார்பிற்கான வரைபடம்

(வரைபடத்தில் x-ன் எந்த ஒரு மதிப்புக்கும் y ஆனது படத்தில் x என்ற புள்ளியில் y அச்சில் உள்ள உயரத்தைக் குறிக்கும்.)

சாய்வு (Slope) :

ஒரு கோட்டின் சாய்வு (slope of a line) என்பது அந்தக் கோடானது கிடைமட்ட அச்சிலிருந்து (horizontal axis – x axis) கடிகார முள்ளின் எதிர்த்திசையில் (anticlockwise) எவ்வளவு சாய்வாக உள்ளது என்பதை அளக்கும் ஒரு அளவையாகும் (parameter). இது "m" என்ற ஆங்கில எழுத்தால் குறிக்கப்படும். உதாரணமாக $y = x + 2$ என்ற கோட்டை எடுத்துக் கொள்வோம்.

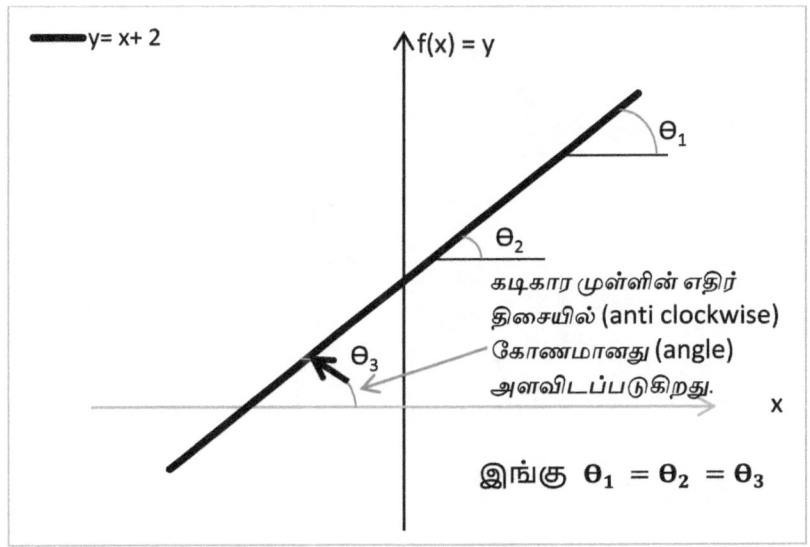

படம் 1.5: $\mathbf{y} = \mathbf{x} + 2$ என்ற கோடு சாய்ந்துள்ள கோணத்தை அளவிடும் முறை

இங்கு $\theta_1 = \theta_2 = \theta_3$, எனவே ஒரு கோட்டின் சாய்வு (Slope) எப்போதும் ஒரு மாறிலியாகும் (constant).

எனவே சாய்வானது (Slope) இந்த ‘θ’ என்ற கோண மதிப்பின் மூலம் அளக்கப்படுகிறது. சாய்வானது (Slope) θ-வின் tangent மதிப்பிற்குச் சமமாக இருக்கும்.

$$\text{சாய்வு (Slope) } m = \tan \theta$$

இப்போது $\mathbf{y} = \mathbf{x} + 2$ என்ற கோட்டின் சாய்வின் (Slope) மதிப்பினை இரண்டு வெவ்வேறு இடங்களில் காண்போம்.

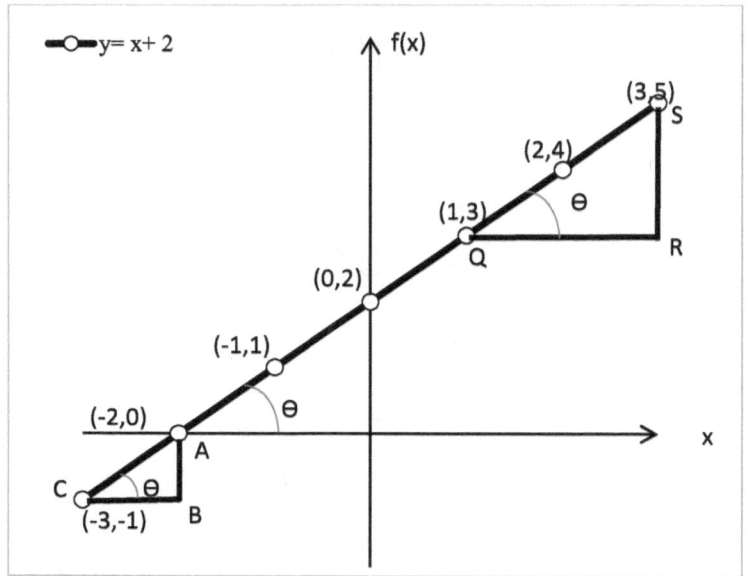

படம் 1.6: கோட்டின் சாய்வை (Slope of line) அளவிடும் முறை

முதலில் C (-3, -1) மற்றும் A(-2,0) என்ற இருபுள்ளிகளுக்கு இடையே உள்ள கோட்டுத்துண்டின் (line segment) tanθ மதிப்பானது,

$$\tan\theta = \frac{\text{எதிர்ப்பக்கம் (opp. side)}}{\text{அடிப்பக்கம் (adj. side)}}$$

$$= \frac{\text{உயரத்தில் ஏற்பட்ட மாற்றம் (Change in y)}}{\text{கிடைமட்ட அச்சில் ஏற்பட்ட மாற்றம் (Change in x)}} = \frac{AB}{BC}$$

$$\tan\theta = \frac{0-(-1)}{-2-(-3)} = \frac{1}{1} = 1$$

∴ சாய்வு (Slope) **m** = tan θ = 1.

இதே போல் படம் 1.6-ல் Q(1,3) மற்றும் S(3,5) என்ற இரு புள்ளிகளை எடுத்துக் கொள்வோம்.

இங்கு,

$$\tan \theta = \frac{\text{உயரத்தில் (y) ஏற்பட்ட மாற்றம் (Change in y)}}{\text{கிடைமட்ட அச்சில் (x) ஏற்பட்ட மாற்றம் (Change in x)}}$$

$$= \frac{5-3}{3-1} = \frac{2}{2} = 1$$

$$m = 1$$

எனவே ஒரு கோட்டில் எல்லா இடங்களிலும் சாய்வு (Slope) மாறாமல் இருக்கும்.

பொதுவாக (x_1, y_1) மற்றும் (x_2, y_2) என்ற இருபுள்ளிகளைத் தன்னுள் கொண்டுள்ள கோட்டின் சாய்வு (Slope),

$$m = \frac{\textbf{y} \text{ ல் ஏற்படும் மாற்றம் (change in y)}}{\textbf{x} \text{ ல் ஏற்படும் மாற்றம் (change in x)}} = \frac{y_2 - y_1}{x_2 - x_1}$$

(அல்லது)

$$m = \frac{\Delta y}{\Delta x} = \frac{\text{y ல் ஏற்படும் மாற்றம்}}{\text{x ல் ஏற்படும் மாற்றம்}}$$

(அல்லது)

$$m = \frac{\text{கோட்டின் ஏற்றம் (or) Rise}}{\text{கோட்டின் இறக்கம் (or) Run}}$$

ஒரு கோட்டின் சாய்வின் மதிப்பானது அந்தக் கோடானது எவ்வளவு சாய்ந்துள்ளது அல்லது சரிந்துள்ளது என்பதை மட்டும் குறிக்காமல் அந்தக் கோட்டின் திசையையும் (direction) குறிக்கிறது.

(நேர்வு:1) $y = 3$ என்ற கோட்டினை எடுத்துக்கொள்வோம்.

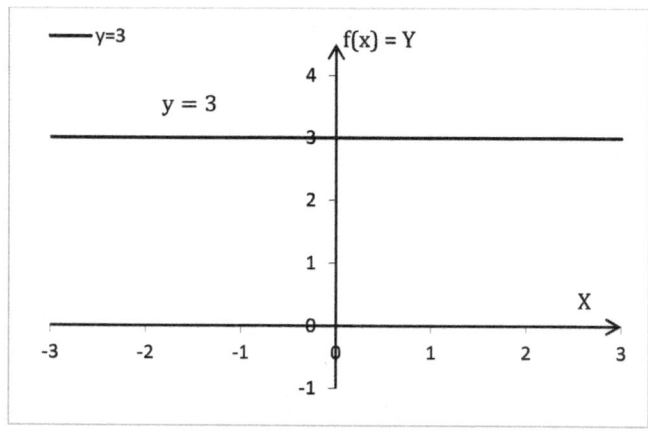

படம் 1.7: y = 3 என்ற கோட்டிற்கான வரைபடம்

படம் 1.7-லிருந்து , சாய்வு $\mathbf{m} = 0$.

இந்தக் கோடானது கிடைத்தளமாக (horizantal) உள்ளது. அதாவது சாயாமல் நேராக உள்ளது. எனவே இதன் சாய்வு (slope) பூஜ்ஜியமாக உள்ளது.

(நேர்வு:2) $y = 2x$ என்ற கோட்டை எடுத்துக்கொள்வோம்,

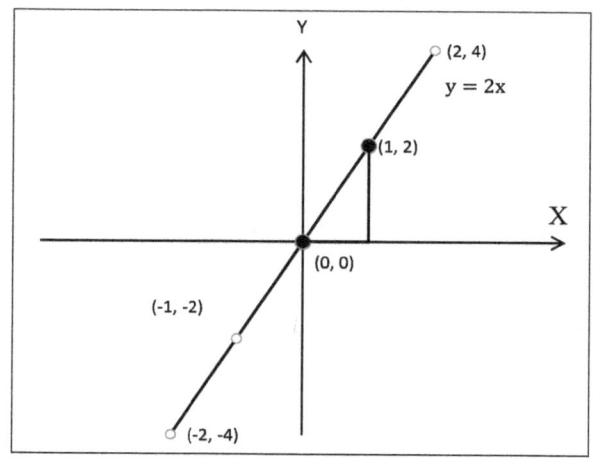

படம் 1.8: $y = 2x$ என்ற கோட்டிற்கான வரைபடம்

இப்போது சாய்வு (Slope), $m = \dfrac{2-0}{1-0} = 2$

இங்கு $m > 0$, $\therefore$ இந்தக் கோடானது ஒரு ஏறும் சார்பாகும் (increasing function).

(நேர்வு: 3) $y = -x$ என்ற கோட்டை எடுத்துக்கொள்வோம்,

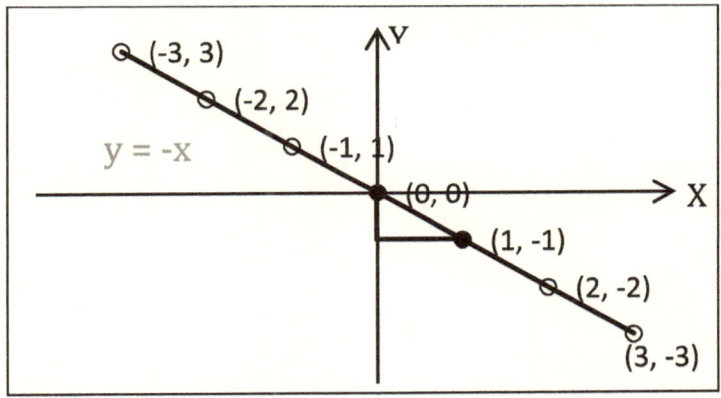

படம் 1.9: $y = -x$ என்ற கோட்டிற்கான வரைபடம்

இப்போது சாய்வு (Slope), $m = \dfrac{-1-0}{1-0} = -1$

$$\therefore m = -1.$$

$m < 0$, எனவே இந்தக் கோடானது இறங்கும் சார்பாகும்.

$\therefore y = f(x)$ என்ற சார்பிற்கு $m > 0$ எனில் அந்தச் சார்பானது ஏறும் சார்பாகும் (Increasing function).

$y = f(x)$ என்ற சார்பிற்கு $m < 0$ எனில் அந்தச் சார்பானது இறங்கும் சார்பாகும் (Decreasing function).

02

எளிய முறையில் நுண்கணிதம் (Calculus)

கால்குலஸ் ஒரு உள்ளார்ந்த பார்வை

முந்தையப் பாடங்களில் கால்குலஸிற்குத் தேவையான அடிப்படை விளக்கங்களையும் கொள்கைகளையும் பார்த்தோம். என்ன, நாம் படித்த கால்குலஸிற்கு இதில் கொடுத்த அடிப்படை விளக்கம் வேறு மாதிரி இருக்கிறது என்கிறீர்களா? கால்குலஸ் என்றால் வகையிடுதல் (differentiation), தொகையிடுதல் (integration) என்று தானே இருக்கும். ஆனால் இதிலோ, சார்பு (function), சாய்வு (slope) என்று பத்தாம் வகுப்புக் கணக்கில் படித்தது எல்லாம் கொடுக்கப்பட்டுள்ளதே என்று யோசிக்கிறீர்களா? உண்மையில் கால்குலஸில் உள்ள வகையிடுதல் (differentiation) என்பது வெவ்வேறு சார்புகளுக்குச் (function) சாய்வைக் (slope) கண்டறியும் செயல்முறையே ஆகும். நமக்குத் தெரியும், சாய்வைக் (slope) கண்டறிவது என்பது மிக அழகானதும் எளிதானதும் கூட.

இந்தப் பகுதியில் சாய்வு கண்டறிதலின் (slope finding) மூலமாக முதலில் வகையிடுதலின் உள்ளார்ந்த அர்த்தத்தைப் (insight meaning) பார்க்கலாம். அதன் பிறகு வகையிடுதலின் இயற்பியல் அர்த்தத்தை (physical meaning) எளிதாகப் புரிந்துக் கொள்ளலாம். ஏற்கனவே

கால்குலசைப் புரியாமல் படித்தவர்களுக்கு ஆரம்பத்தில் கொஞ்சம் அலுப்பாக இருக்கலாம். ஆனால், சரியான முறையில் முழுமையாகப் புரிந்து கொள்ள நீங்கள் அதைப் பொருத்துக் கொள்ள வேண்டும்.

சாய்வைக் கண்டறிதல் (slope finding):

முந்தையப் பாடத்தில் ஒரு கோட்டிற்குச் சாய்வை (slope) கண்டறிவது எப்படி என்று பார்த்தோம், இப்போது அதே சாய்வானது (slope) எவ்வாறு நமது அன்றாட வாழ்க்கையில் பயன்படுகிறது என்பதை ஒரு உதாரணத்துடன் பார்ப்போம்.

நீங்கள் ஒரு பழக்கடை வைத்து வியாபாரம் செய்கிறீர்கள் என்று கொள்ளுங்கள். இப்போது அதில் ஒரு ஆப்பிள் பழத்திற்கு ரூ.10 என லாபம் வைத்து விற்கிறீர்கள் என வைத்துக் கொள்ளுங்கள்.

இப்போது ஒரு நாளைக்குப் பத்து ஆப்பிள் விற்கிறீர்கள் என்றால் உங்களுக்குக் கிடைக்கும் லாபம் ரூ.100 ஆகும். மேலும் இருபது ஆப்பிள்கள் என்றால் ரூ.200 லாபம் கிடைக்கும். எனவே உங்களுக்குக் கிடைக்கும் மொத்த லாபம் நீங்கள் விற்கும் ஆப்பிள்களின் எண்ணிக்கையைப் பொருத்து அமைகிறது. இப்போது உங்களுக்குப் பக்கத்துக் கடைக்காரர் ஒரு ஆப்பிளுக்கு ரூ.12 லாபம் என வைத்து விற்பதாகக் கொள்வோம். இப்போது பக்கத்துக் கடைக்காரர்க்குக் கிடைக்கும் மொத்த லாபம் அவர் விற்கும் ஆப்பிள்களின் எண்ணிக்கையைப் பொருத்து அமைகிறது. இந்த ஆப்பிள் கதையை எளிதாகப் புரிந்து கொள்ளப் பின்வரும் படம் நமக்கு உதவும்.

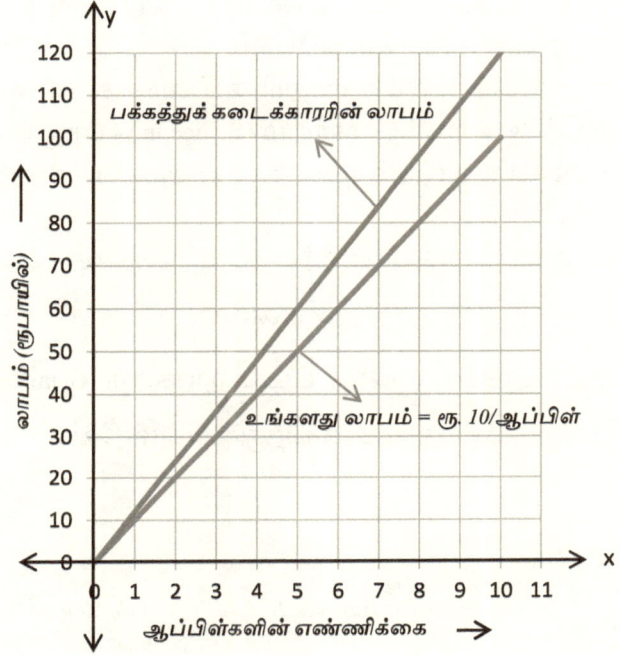

படம் 2.1: ஆப்பிள்களின் எண்ணிக்கைக்கும் லாபத்திற்கும்
இடையேயான தொடர்பைக் குறிக்கும் வரைபடம்

இப்போது படம் 2.1-ல் உள்ள இரு கோடுகளின் மூலம், உங்களது பக்கத்துக் கடைக்காரரின் லாபத்தைக் குறிக்கும் கோட்டின் சாய்வானது (slope) உங்களது கோட்டின் சாய்வை (slope) விட அதிகமாக உள்ளதைக் காணலாம். உங்களது கோட்டை ஒப்பிடும்போது அவரின் கோடு அதிகமாகச் சாய்ந்துள்ளது அல்லது சரிவாக உள்ளது. எனவே நீங்களிருவரும் ஒரே அளவு ஆப்பிள்களை விற்றால் அவரின் லாபம் உங்களை விட அதிகமாக இருக்கும்.

(எ.கா. 10 ஆப்பிள்களுக்கு உங்களுக்குக் கிடைக்கும் லாபம் ரூ.100. அவருக்குக் கிடைப்பது ரூ.120). எனவே இதிலிருந்து ஒரு கோட்டின் சாய்வு (slope) அல்லது சரிவானது எவ்வளவு முக்கியத்துவம் வாய்ந்தது என்பது தெரிகிறது.

எந்தளவுக்குச் சரிவு மேலாக (in anticlockwise direction) உள்ளதோ அந்தளவுக்கு லாபம் உங்களுக்குக் கிடைக்கும். ஏற்கனவே நாம் சாய்வைக் (slope) கண்டறிவது எப்படி என்று முந்தையப் பாடத்தில்

பார்த்துள்ளோம். அதன்படி உங்களது லாபத்தைக் குறிக்கும் கோட்டின் சாய்வைக் (slope) காண்போம்.

நாம் ஏற்கனவே பார்த்த மாதிரி சாய்வானது (slope) கோட்டில் உள்ள உயரத்தில் (y) ஏற்பட்ட மாற்றம் (change in y) மற்றும் கிடைத்தள அச்சில் (x) ஏற்பட்ட மாற்றம் (change in x) ஆகியவற்றை வைத்துக் கண்டறியப்படுகிறது.

இப்போது, உயரத்தில் (y) ஏற்பட்ட மாற்றத்தை (change in y)

$$y_2 - y_1 = \Delta y \text{ எனவும்,}$$

கிடைத்தள அச்சில் (x) ஏற்பட்ட மாற்றத்தை (change in x)

$$x_2 - x_1 = \Delta x \text{ எனவும் வைத்துக் கொள்வோம்.}$$

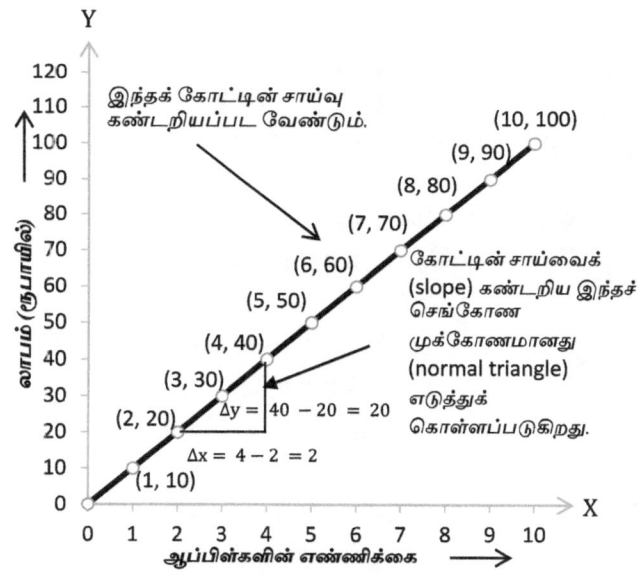

படம் 2.2: லாபத்தைக் குறிக்கும் கோட்டின் சாய்வைக் (slope) கண்டறியும் முறை

Δy மற்றும் Δx ஆனது சாய்வு (slope) கண்டறிய வேண்டிய கோட்டின் ஒரு சிறிய துண்டை மட்டும் கர்ணமாகக் (hypotenuse) வைத்துக் கொண்டு வரையப்படும் ஒரு செங்கோண முக்கோணத்திலிருந்து (normal triangle) கண்டறியப்படுகிறது.

$$\text{சாய்வு (slope)} = \frac{\text{உயரத்தில் ஏற்பட்ட மாற்றம் } (\Delta y)}{\text{கிடைத்தள அச்சில் ஏற்பட்ட மாற்றம் } (\Delta x)}$$

$$= \frac{y_2 - y_1}{x_2 - x_1} = \frac{20}{2} = 10$$

∴ சாய்வு (slope) = 10

இங்குச் சாய்வு (slope) 10 ஆனது உங்களின் லாபம் ஒரு ஆப்பிளுக்கு ரூ.10 என்பதைக் குறிக்கிறது.

நாம் எடுத்துக்கொள்ளும் செங்கோண முக்கோணத்தின் (right angle triangle) அளவு எவ்வாறு இருப்பினும் கிடைக்கும் சாய்வின் (slope) மதிப்பு மாறாது. உதாரணமாக Δy-ஐ 40 ஆக எடுத்துக்கொண்டால் Δx ஆனது 4 ஆக இருக்கும். எனவே சாய்வு (slope) ரூ.10/ஆப்பிள் என்று தான் கிடைக்கும். இதற்குக் காரணம் கோட்டின் சாய்வு (slope) ஒரு மாறிலியாகும் (constant). இதே போல் பக்கத்துக் கடைக்காரரின் சாய்வின் (slope) மதிப்பினைக் கணக்கிட்டால், அவரின் லாப அளவானது ரூ.12/ஆப்பிள் என்று கிடைக்கும் .

எனவே சாய்வைக் (slope) கண்டறிய நாம் செய்ய வேண்டியது, தேவையான கணக்கினைக் கார்ட்டிசியன் அச்சில் (Cartesian coordinates) ஒரு எளிய வரைபடமாக (graph) வரைந்தால் போதும். மேலும் மேற்குறிப்பிட்டது போல் உள்ள எளிய கணக்குகளுக்குச் சாய்வு (slope) கண்டறிய இந்தப் படங்கள் நமக்குத் தேவையில்லை.

ஆனால் நமது வாழ்க்கையில் ஏற்படும் பெரும்பாலான கணக்குகள் மேற்குறிப்பிட்டது போல் ஒரு எளிய கோட்டிற்கான தொடர்பைப் (straight line relationship) போன்று அமைவதில்லை. அதாவது அவை நேர்க்கோட்டுச் சமன்பாடுகளாக (linear equation) அமைவதில்லை .

உதாரணமாக, மேற்குறிப்பிட்ட கணக்கில்,

x என்பதை ஆப்பிள்களின் எண்ணிக்கை எனவும்,

y என்பதை லாபத்தின் மதிப்பாகவும் எடுத்துக்கொண்டால்,

y-க்கும் x-க்கும் இடையே உள்ள தொடர்பானது (relation) பின்வருமாறு அமைகிறது.

$$y = 10x$$

இது ஒரு சாதாரணக் கோட்டின் சமன்பாடாகும் (linear equation). ஆனால் நிறையக் கணக்குகள் கோட்டிற்கான தொடர்பைப் பெறாமல் வளைவரைக்கான (curve – Non linear equation) தொடர்பைப் பெற்றுள்ளன. அதாவது இந்தக் கணக்குகளில் உள்ள தொடர்புகளைப் படமாக x,y அச்சில் வரைந்தால் அது கோடாக இல்லாமல் ஒரு வளைவரையாக (curved line) அமைகிறது. இந்த வளைவரைகளுக்கு (curve) சாய்வு (slope) கண்டறிவது என்பது எளிதல்ல.

இனிவரும் பகுதிகளில் வளைவரைகளுக்கு (curves) எவ்வாறு சாய்வு கண்டறிவது எனக் காணலாம். ஒரு கோடு வளைவாக அல்லது வளைவரைக் கோடாக (curved line) இருக்கும் எனில் அதன் சாய்வைக் (slope) கண்டறிவது எப்படி? உதாரணமாக y = x² என்ற எளிய வளைவரையை (curve) எடுத்துக் கொள்வோம்.

x	-3	-2	-1	0	1	2	3
y	9	4	1	0	1	4	9

அட்டவணை 2.1: $y = x^2$ என்ற வளைவரையின் மீது உள்ள புள்ளிகளின் x,y -ன் மதிப்புகள்

$y = x^2$ என்ற தொடர்பிற்கான வரைபடத்தை (graph) படம் - 2.3-ல் பார்க்கலாம்.

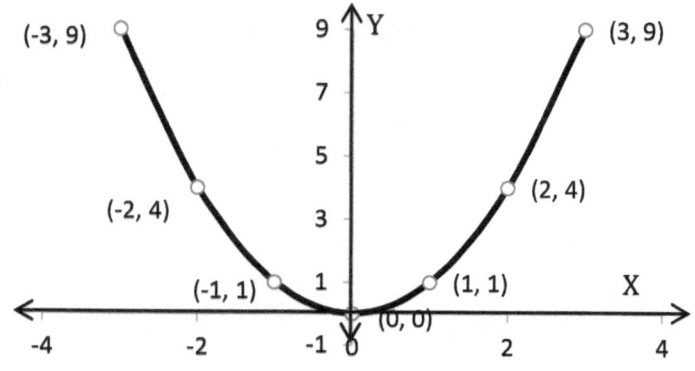

படம் 2.3: $y = x^2$ என்ற தொடர்பிற்கான வரைபடம் (graph)

மேலே காட்டப்பட்டுள்ள வளைவரையில் (curve) மொத்த வளைவரையின் சாய்வையும் (slope of complete curve) ஒரே ஒரு மதிப்பை வைத்துக் கூற இயலாது. ஏனென்றால் நேர்க்கோட்டைப் (straight line) போல் இல்லாமல் வளைவரையின் சாய்வானது (slope of curve) தொடர்ச்சியாக மாறிக் கொண்டே வருகிறது. ஒரு நேர்க்கோடு சாய்ந்திருக்கும் கோணம் (angle) எல்லா இடங்களிலும் சமமாக இருக்கும். (பார்க்க, படம் 1.5)

ஆனால் ஒரு வளைவரையானது (curve) எல்லா இடங்களிலும் ஒரே கோணத்தில் (angle) சாய்ந்திருக்காது. எனவே வளைவரையின் சாய்வு (slope) எல்லாப் புள்ளிகளிலும் சமம் கிடையாது. சாய்வானது வளைவரையின் ஒவ்வொரு புள்ளியிலும் வேறு வேறாக உள்ளது.

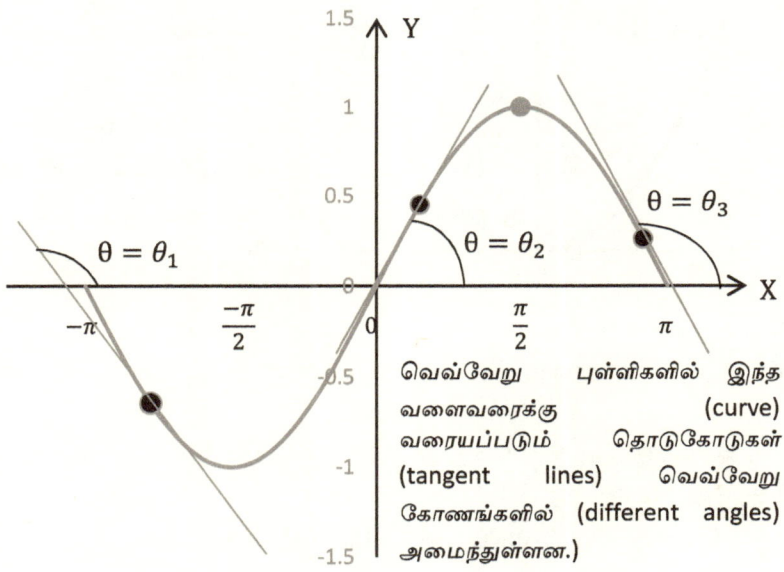

வெவ்வேறு புள்ளிகளில் இந்த வளைவரைக்கு (curve) வரையப்படும் தொடுகோடுகள் (tangent lines) வெவ்வேறு கோணங்களில் (different angles) அமைந்துள்ளன.)

படம் 2.4: $y = sin\ x$ என்ற வளைவரை (curve) வெவ்வேறு கோணங்களில் (angles) அமைந்துள்ளதை விளக்கும் படம்.

ஒருவளைவரை(curve)ஒவ்வொருபுள்ளியிலும்சாய்ந்திருக்கும் கோணத்தைக் (angle) கண்டுபிடிக்க அந்த வளைவரைக்கு (curve) ஒரு தொடுகோடு (tangent line) வரைந்து அது X அச்சிலிருந்து எவ்வளவு கோணத்தில் (angle) அமைந்துள்ளது என்று பார்க்க வேண்டும்.

எனவே ஒரு வளைவரையில் (curve) எந்தப் புள்ளியில் சாய்வு கண்டுபிடிக்க வேண்டுமோ அந்தப் புள்ளியில் வளைவரைக்கு (curve) ஒரு தொடுகோடு (tangent line) வரைந்து அந்தத் தொடுகோட்டின் (tangent line) சாய்வைக் (slope) கண்டறிய வேண்டும் (படம் 2.5).

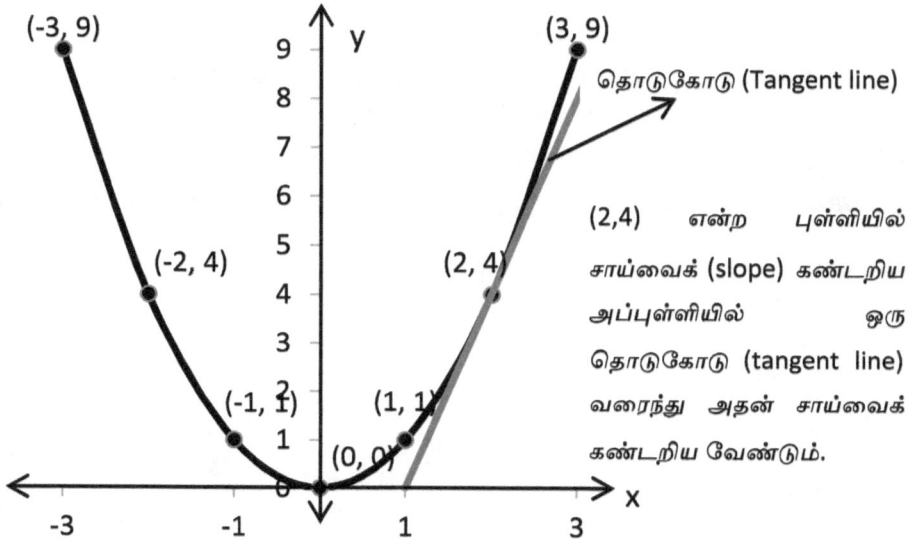

படம் 2.5: $y = x^2$ என்ற வளைவரையின் சாய்விற்கான விளக்கம்

ஆனால் இவ்வாறு செய்யும் போது பின்வரும் பிரச்சனைகள் எழுகின்றன.

ஒவ்வொரு புள்ளியிலும் தொடுகோடு வரைந்து அதன் சாய்வைக் கண்டறிவது மிகவும் சிரமமானது மற்றும் குழப்பமானதும் கூட. அளவுகோலை (ruler or scale) வைத்து ஒரு குறிப்பிட்ட புள்ளியில் சாய்வைத் (slope) துல்லியமாகவும் வேகமாகவும் கண்டறிவது என்பது கடினமான ஒன்று.

எனவே ஒரு வளைவரையின் சாய்வினை முந்தையப் பகுதிகளில் குறிப்பிட்டது போல் ஏதேனும் சூத்திரத்தை (formula) வைத்துக் கண்டறிவது எப்படி என்று நமக்குத் தெரிய வேண்டும். ஏனென்றால் அளவுகோலை (ruler or scale) வைத்து அளக்கும்போது

ஒவ்வொருவருக்கும் ஒவ்வொரு விதமான மதிப்பு கிடைக்க வாய்ப்புண்டு.

எனவே இதைத் தவிர்த்து எளிய முறையில் சாய்வைக் கண்டறிவது (easy way to find slope for a curve) எப்படி என்று நாம் பார்க்கப் போகிறோம். இதற்கான முறையை முழுவதும் புரிந்து கொள்ள நாம் சாய்வு கண்டறிதலின் அடிப்படை முறையை (basic method for slope finding) எடுத்துக் கொண்டு அதை வளைவரையின் சாய்வு கண்டறிதலுக்காக (slope for curve) கொஞ்சம் கொஞ்சமாக மாற்றியமைக்க வேண்டும். சரி முந்தையப் பகுதிகளில் நேர்க்கோட்டிற்குச் (straight line) சாய்வு கண்டறிந்தது போல இந்த $y = x^2$ என்ற வளைவரைக்கும் (curve) சாய்வைக் (slope) கண்டறிய முயற்சி செய்வோம். என்ன கிடைக்கிறது என்று பார்க்கலாம். ஏற்கனவே குறிப்பிட்டது போல் ஒரு வளைவரையின் சாய்வு (slope of a curve) ஒவ்வொரு புள்ளியிலும் மாறுபடும்.

ஆனால் முந்தையப் பகுதிகளில் ஒரு நேர்க்கோட்டிற்குச் (straight line) சாய்வு (slope) கண்டறிய நமக்கு இரு புள்ளிகள் தேவைப்பட்டன. எனவே அதே முறையைப் பயன்படுத்தி முதலில் $y = x^2$ வளைவரையில் (curve) ஏதேனும் இரு புள்ளிகளுக்கு இடைப்பட்ட சாய்வைக் (slope) கண்டறிய முற்படுவோம்.

வரைபடம் (graph) 2.6-ல் உள்ள A(1,1) என்ற புள்ளியை எடுத்துக் கொள்க. இந்தப் புள்ளியின் வழியாக வளைவரையின் மீதுள்ள B(3,9) என்ற மற்றொரு புள்ளிக்கு ஒரு கோடு வரைவோம். இந்தக் கோட்டின் சாய்வை (slope) இப்போது கண்டறிவோம்.

நமக்குத் தெரியும், சாய்வு என்பது உயரத்தில் உள்ள மாற்றம் Δy–ஐக் (change in $y = y_2 - y_1$) கிடைத்தள அச்சில் உள்ள மாற்றமான Δx–ஆல் (change in $x = x_2 - x_1$) வகுக்கக் (dividing) கிடைக்கும் மதிப்பு ஆகும்.

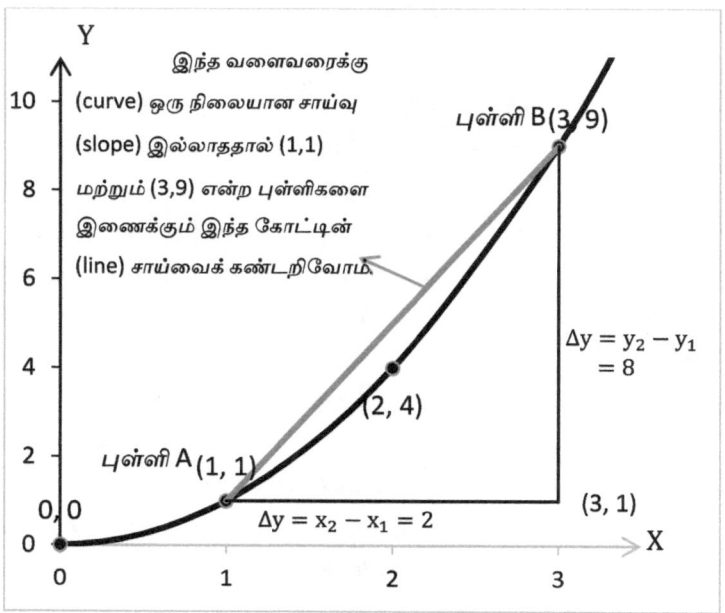

படம் 2.6: $y = x^2$ என்ற வளைவரையில் A (1,1) மற்றும் B (3,9) என்ற புள்ளிகளை இணைக்கும் கோட்டின் (line) சாய்வைக் கண்டறிதல்

புள்ளி A (1,1) மற்றும் என்ற புள்ளி B (3,9) ஆகியவற்றை இணைக்கும் கோட்டின் சாய்வு (slope),

$$\text{சாய்வு } m = \frac{\Delta y}{\Delta x} = \frac{y_2 - y_1}{x_2 - x_1}$$

$$m = \frac{9 - 1}{3 - 1} = \frac{8}{2} = 4$$

இந்த $m = 4$ என்ற சாய்வு (slope) மதிப்பானது வளைவரையின் (curve) துல்லியமான சாய்வு (accurate slope) கிடையாது.

A(1,1) மற்றும் B(3,9) என்ற புள்ளிகளுக்கு இடையே வரையப்பட்ட நேர்க்கோட்டின் சாய்வானது அந்த இரு புள்ளிகளின் வழியே செல்கிற வளைவரைக் கோட்டின் $(y = x^2)$ சாய்வின் ஒரு சராசரியான மதிப்பைத்தான் தருகிறது. (slope of a straight line drawn in between A and B is the rough average slope of the curved line connecting A and B.)

மேலும் $m = 4$ என்ற சாய்வின்(slope) மதிப்பானது வளைவரையில் $x = 1$ என்ற புள்ளியில் காணப்படும் சாய்வைக் (slope) குறிப்பதில்லை. அதுபோல $x = 4$ என்ற புள்ளியில் உள்ள சாய்வையும் (slope) குறிப்பதில்லை. இது இந்த இரண்டு புள்ளிகளுக்கும் இடையேயான வளைவரைக் கோட்டின் சாய்வின் தோராயமான சராசரி மதிப்பையே (average value of slope of the curve in between points A and B) தருகிறது.

இப்போது முன்பு எடுத்துக்கொண்ட புள்ளிகள் போல் அல்லாமல் அதைவிடக் கொஞ்சம் நெருக்கமாக உள்ளவாறு இரு புள்ளிகளை எடுத்துக்கொள்வோம் (படம் 2.7). அதாவது முதல் புள்ளி முன்பு போல $A(1,1)$ என்றே எடுத்துக் கொள்ளப்படுகிறது. இரண்டாவது புள்ளியை இப்போது $B(2,4)$ என்று எடுத்துக் கொள்வோம்.

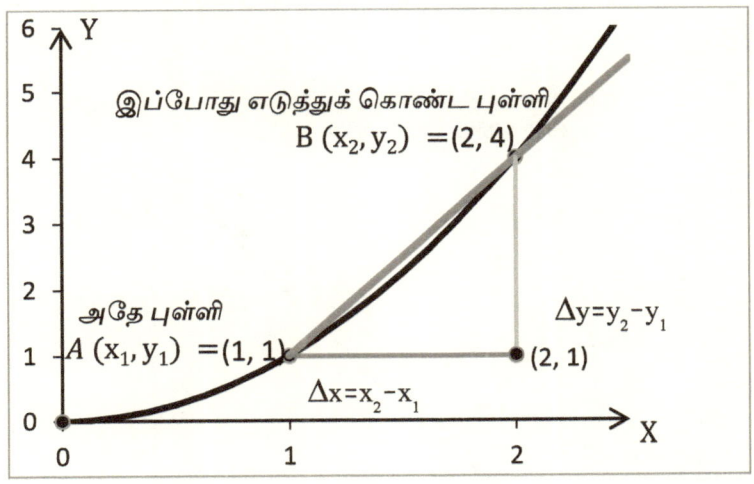

படம் 2.7: $y = x^2$ என்ற வளைவரை [இப்போது இரண்டாம் புள்ளியானது $B(2,4)$ ஆக எடுத்துக் கொள்ளப்படுகிறது.]

புள்ளி $A(1,1)$ மற்றும் $B(2,4)$ என்ற புள்ளி ஆகியவற்றை இணைக்கும் கோட்டின் சாய்வு (slope),

$$\text{சாய்வு } m = \frac{\Delta y}{\Delta x} = \frac{y_2 - y_1}{x_2 - x_1}$$

$$m = \frac{4-1}{2-1} = \frac{3}{1} = 3$$

இப்போது $x = 1$ மற்றும் $x = 2$ என்ற புள்ளிகளுக்கு இடையில் வளைவரையின் (curve) சராசரி சாய்வு (average slope) 3 ஆக உள்ளது. இப்போது முன்பை விட இன்னும் கொஞ்சம் நெருக்கமாக உள்ளவாறு இரு புள்ளிகளையும் எடுத்துக் கொள்வோம்.

முதற்புள்ளியை எப்போதும் போல் $A(1,1)$ என எடுத்துக் கொள்வோம். அடுத்த புள்ளி B யை A விற்குக் கொஞ்சம் நெருக்கமாக, அதாவது $x = 1.5 =$ ஒண்ணரை (one and half) என எடுத்துக் கொள்ளலாம். (படம் 2.8) இப்போது $y = x^2$ என்ற வளைவரையில் $x = 1.5$ என இருக்கும் போது அதற்கான y மதிப்பானது $y = 1.5^2 = 2.25$ என இருக்கும்.

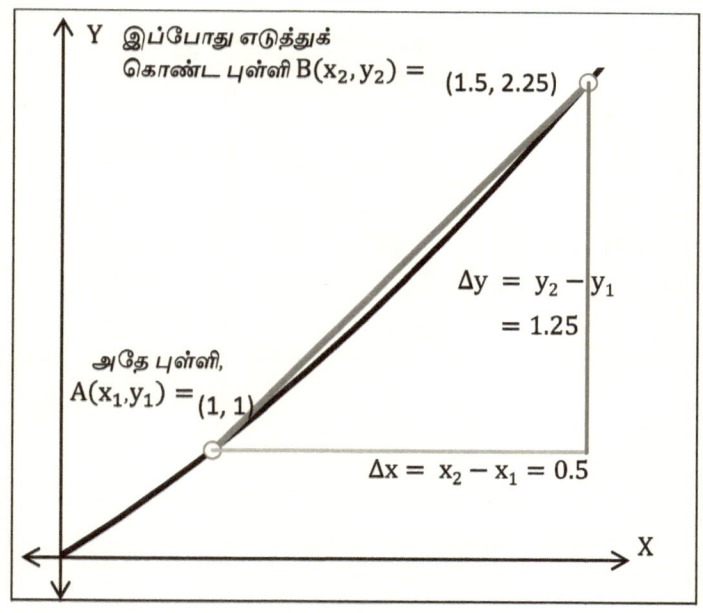

படம் 2.8: $y = x^2$ என்ற வளைவரை [இப்போது இரண்டாவது புள்ளி ஆனது (1.5, 2.25) ஆக எடுத்துக் கொள்ளப்படுகிறது.]

∴ இரண்டாவது புள்ளி $B(1.5, 2.25)$ ஆகும்

$A(x_1, y_1) = (1,1)$ மற்றும் $B(x_2, y_2) = (1.5, 2.25)$

இப்போது இந்த இரண்டு புள்ளிகளையும் இணைக்கும் கோட்டின் சாய்வு (slope),

$$\text{சாய்வு (slope)} = \frac{\Delta y}{\Delta x} = \frac{y_2 - y_1}{x_2 - x_1}$$

$$= \frac{2.25 - 1}{1.5 - 1}$$

$$= \frac{1.25}{0.5} = \frac{1.25}{\left(\dfrac{1}{2}\right)}$$

$$= 1.25 \times 2 = 2.5$$

$$\text{சாய்வு (Slope)}, m = 2.5$$

$$m = 2\frac{1}{2} = \text{இரண்டரை}(\text{Two and half})$$

எனவே இந்த இரு நெருக்கமான புள்ளிகளுக்கு இடையில் வளைவரைக் கோட்டின் (curve) சராசரி சாய்வு (average slope) 2.5 ஆக உள்ளது. சாய்வின் (slope) மதிப்பினைப் பார்க்கும் போது, புள்ளிகளின் நெருக்கம் அதிகரிக்க அதிகரிக்கச் சாய்வின் மதிப்பானது குறைந்து கொண்டே வருகிறது.

இங்கு முக்கியமாகக் கவனிக்கத்தக்கது என்னவென்றால் புள்ளிகளின் நெருக்கம் அதிகமாகும் போது அப்புள்ளிகளுக்கு இடைப்பட்ட செங்குத்து உயரத்தின் மதிப்பு (vertical height - change in y) Δy குறைகிறது. ஆனால் அதே போல் அப்புள்ளிகளுக்கு இடையேயான கிடைத்தளத் தூரமான (horizontal distance - change in x) Δx–ம் குறைந்து கொண்டு வருகிறது. Δx ஆனது பின்னத்தின் பகுதியில்

(denominator) உள்ளதால் அது தலைகீழ் (inverse) செய்யப்படும் போது $\frac{2}{1}$ ஆக மாறி 1.25 ஆல் பெருக்கல் (multiplication) செய்யப்பட்டு $1.25 \times 2 = 2.25$ ஐ கொடுக்கிறது.

சரி, மீண்டும் இதே போல் புள்ளிகளின் நெருக்கத்தை இன்னும் கொஞ்சம் குறைப்போம். முதல் புள்ளி எப்போதும் போல $A(x_1, y_1) = (1,1)$. இரண்டாம் புள்ளியில் $x = 1.25$ எனக் கொள்வோம். (படம் 2.9)

முன்பு பார்த்தது போல, $y = x^2$ என்ற வளைவரையில் (curve) அமையும் இரண்டாம் புள்ளி,

$$B(x_2, y_2) = \left(1.25, 1.25^2\right) = (1.25, 1.5625)$$

இப்போது $(1,1)$ மற்றும் $(1.25, 1.5625)$ என்ற இரு புள்ளிகளுக்கு இடையே உள்ள வளைவரைக் கோட்டின் சராசரி சாய்வு

$$\text{சாய்வு (slope)} = \frac{\Delta y}{\Delta x} = \frac{y_2 - y_1}{x_2 - x_1}$$

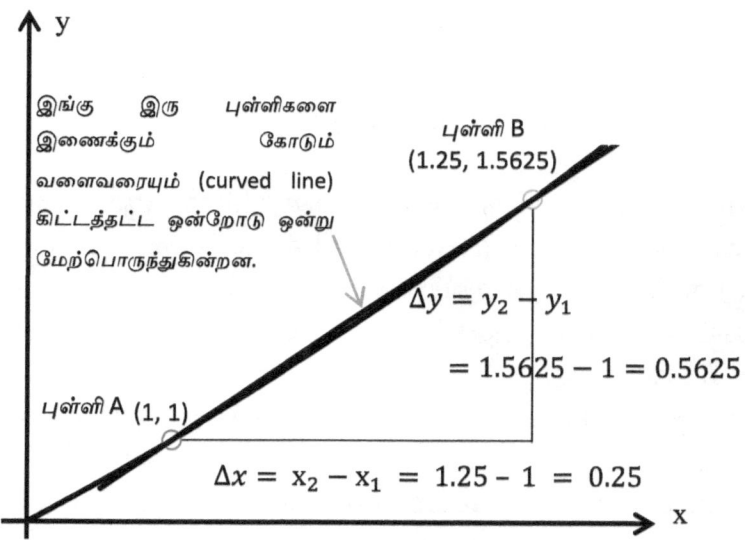

படம் 2.9: $y = x^2$ என்ற வளைவரை [இப்போது இரண்டாவது புள்ளி ஆனது B $(1.25, 1.5625)$ ஆக எடுத்துக் கொள்ளப்படுகிறது.]

$$\text{சாய்வு (slope)} = \frac{1.5625 - 1}{1.25 - 1}$$

$$\text{சாய்வு (slope)} = \frac{0.5625}{0.25} = \frac{0.5625}{\left(\dfrac{1}{4}\right)}$$

$$= 0.5625 \times 4 = 2.25$$

$$\text{சராசரி சாய்வு, } m = 2.25 = 2\frac{1}{4} = \text{இரண்டே கால்}$$

எனவே $x = 1$ மற்றும் $x = 1.25$ என்ற இந்த இரு நெருக்கமான புள்ளிகளுக்கு இடையே உள்ள வளைவரைக் கோட்டின் (curve) சராசரி சாய்வானது (average slope) 2.25 ஆக உள்ளது. இதே போல் இரு புள்ளிகளுக்கு இடையே உள்ள நெருக்கத்தைத் தொடர்ந்து அதிகரித்துக் கொண்டே வருவோம்.

இப்போது நமக்கு வரைபடம் தேவையில்லை. நம்மால் இரு நெருக்கமான புள்ளிகளுக்கு இடையே உள்ள சாய்வை எளிதாக வரைபடத்தில் கற்பனை செய்ய இயலும்.

முன்பு போல் சாய்வு $= \frac{\Delta y}{\Delta x} = \frac{y_2 - y_1}{x_2 - x_1}$ என்ற தொடர்பைப் பயன்படுத்திச் சாய்வைக் கண்டறிவோம்.

இப்போது இரு புள்ளிகளில் முதற்புள்ளி ஆனது $x_1 = 1$ மற்றும் $y_1 = 1$ எனவும்,

அடுத்த புள்ளி ஆனது $x_2 = 1.125$ மற்றும் $y_2 = (1.125)^2 = 1.265625$ எனவும் கொள்க.

இப்போது $(1,1)$ மற்றும் $(1.125, 1.265625)$ என்ற புள்ளிகளுக்கு இடையே காணப்படும் சராசரி சாய்வு,

$$m = \frac{y_2 - y_1}{x_2 - x_1} = \frac{1.265625 - 1}{1.125 - 1}$$

$$= \frac{0.265625}{0.125} = \frac{0.265625}{\left(\frac{1}{8} \right)}$$

$$= 0.265625 \times 8$$

$$m = 2.125$$

நினைவில் கொள்க:

(இங்குப் பகுதி (denominator) 0.125 -ஐப் பின்னமாக மாற்றினால் $\frac{125}{1000} = \frac{1}{8}$ ஆக இருக்கும். இந்த $\frac{1}{8}$ தலைகீழ் (inverse) செய்யப்படும்போது $\frac{8}{1}$ ஆக மாறி 0.265625 உடன் பெருக்கப்படுகிறது. மேலும் பகுதி (denominator) ஆனது எப்போதும் இரு x மதிப்புகளுக்கு இடையே உள்ள வேறுபாட்டையே $(x_2 - x_1)$ குறிக்கும். இங்கு $x_2 = 1.125$ மற்றும் $x_1 = 1$ இவற்றிற்கிடையேயான வேறுபாடு ஆகும்.)

மீண்டும் தொடர்ந்து புள்ளிகளுக்கு இடையே உள்ள நெருக்கத்தை அதிகரிப்போம். இப்போது இரு புள்ளிகளில் முதற்புள்ளி ஆனது எப்போதும் போல $x_1 = 1$ மற்றும் $y_1 = 1$ எனவும், அடுத்த புள்ளி ஆனது $x_2 = 1.1$ மற்றும் $y_2 = 1.1^2 = 1.21$ எனவும் கொள்க.

இப்போது (1,1) மற்றும் (1.1, 1.21) என்ற புள்ளிகளுக்கு இடையே காணப்படும் சராசரி சாய்வு,

$$\text{சாய்வு (slope)}, m = \frac{y_2 - y_1}{x_2 - x_1}$$

$$= \frac{1.21 - 1}{1.1 - 1}$$

$$= \frac{0.21}{0.1} = \frac{0.21}{\frac{1}{10}} = 0.21 \times 10$$

சாய்வு (Slope), $m = 2.1$

இங்கு $x = 1$ மற்றும் அதற்கு மிக அருகில் உள்ள $x = 1.1$ என்ற இரு புள்ளிகளுக்கு இடையே உள்ள சாய்வை 2.1 எனக் கண்டறிந்தோம். மேலும் x -ன் மதிப்புகளுக்கு இடையே உள்ள இடைவெளி குறையக் குறையச் சாய்வானது (slope) குறைந்து கொண்டே வந்து '2' என்ற மதிப்பின் அருகில் நெருங்கி வருகிறது. மேலும் சாய்வின் மதிப்பு '2' -ஐ விடக் குறைவது போல் தெரியவில்லை.

இதற்கான காரணம் என்ன என்பதைக் கொஞ்சம் பொறுத்திருந்து பார்ப்போம். நாம் எப்போதும் போலத் தொடர்ந்து புள்ளிகளுக்கு இடையே உள்ள இடைவெளியைக் குறைப்போம்.

இப்போது $x = 1$ மற்றும் $x = 1.01$ என்ற இரு புள்ளிகளை எடுத்துக்கொள்வோம்.

$(1,1)$ மற்றும் $(1.01, 1.01^2)$ என்ற புள்ளிகளுக்கு இடையே உள்ள சராசரி சாய்வு,

$$m = \frac{y_2 - y_1}{x_2 - x_1} = \frac{1.01^2 - 1}{1.01 - 1}$$

$$= \frac{1.0201 - 1}{0.01} = \frac{0.0201}{1/100}$$

$$= 0.0201 \times 100$$

சாய்வு (Slope), $m = 2.01$

இங்குத் தொகுதியில் (numerator), y–ன் மதிப்புகளுக்கு இடையே உள்ள இடைவெளி $y_2 - y_1 = 0.0201$ என மிகவும் குறைவாக இருந்தாலும் பகுதியில் உள்ள $x_2 - x_1 = 0.01 = \frac{1}{100}$ ஆனது தலைகீழாக (invert) $\frac{100}{1}$ என மாறித் தொகுதியுடன் (numerator) பெருக்குவதால் சராசரி சாய்வின் (average slope) மதிப்பானது 2.01 என உயர்ந்து விடுகிறது. இங்கு Δy [change in y - தொகுதி (numerator)] மற்றும் Δx

[change in x - பகுதி (denominator)] ஆகிய இரண்டின் மதிப்புகளும் மிக மிகச் சிறியதாக உள்ளது. மேலும் ஒரு சமயத்தில் இந்த இடைவெளி மிக மிகக் குறைந்து கிட்டத்தட்ட மறைந்து போகும் அதாவது பூஜ்ஜியமாக (zero) மாறும் அபாயமும் உள்ளது. ஆனால் இங்கு உண்மையாகவே அப்படி நடக்குமா?

இப்போது இரண்டு மிக மிக நெருக்கமான புள்ளிகளுக்கு இடையே உள்ள சராசரி சாய்வானது மொத்தமாக மறைந்து விடாது என்பதை நீங்கள் உணர்ந்திருப்பீர்கள். ஏனென்றால் புள்ளிகளுக்கிடையேயான நெருக்கம் அதிகரிக்க அதிகரிக்கத் தொகுதியானது (denominator) மிகவும் சிறியதாக மாறுகிறது. இங்குப் பகுதியும் (numerator) மிகச் சிறியதாக இருப்பதால் அது தொகுதியுடன் (denominator) பெருக்கப்படும் (multiplication) போது தலைகீழ் (inverse) செய்யப்படுகிறது. நமக்கு நன்றாகத் தெரியும், ஒரு மிகச் சிறிய மதிப்பானது தலைகீழ் (inverse) செய்யப்படும் போது அது ஒரு பூதம் போலப் பெரிய மதிப்பாகிறது.

$$(\text{உதாரணம்: } \frac{1}{0.01} = 100)$$

இப்போது இந்த மிகச் சிறிய தொகுதியானது (denominator=0.0201) தலைகீழ் செய்யப்பட்ட (inverted value=100) பெரிய மதிப்புடன் பெருக்கப்படும் போது கிடைக்கும் சாய்வும் (slope = 0.0201 X 100 = 2.01) மிகவும் குறைந்து விடாமல் ஒரு குறிப்பிடத்தக்க மதிப்பைப் பெறுகிறது.

இப்போது அதே $y = x^2$ வளைவரையில் மீண்டும் இன்னும் நெருக்கமான இரு புள்ளிகளை எடுத்துக் கொள்வோம்.

அதாவது $x_1 = 1$ மற்றும் $x_2 = 1.00001$ என எடுப்போம். எனவே $y_1 = 1$ மற்றும் $y_2 = (1.00001)^2 = 1.0000200001$.

இப்போது $y = x^2$ என்ற வளைவரையில் $x = 1$ மற்றும் $x = 1.00001$ என்ற இரு புள்ளிகளுக்கு இடையே உள்ள சராசரி சாய்வு

$$m = \frac{y_2 - y_1}{x_2 - x_1} = \frac{1.0000200001 - 1}{1.00001 - 1}$$

$$= \frac{0.000020001}{0.00001} = \frac{0.000020001}{1/100000}$$

$$= 0.0000200001 \times 100000$$

$$m = 2.00001$$

(0.00001 ஆனது தலைகீழாக மாறும்
போது ஒரு லட்சமாக (1, 00,000) மாறி விடுகிறது.)

எனவே புள்ளிகளுக்கு இடையேயான இடைவெளி எவ்வளவு சிறியதாக இருந்தாலும் $y = x^2$ என்ற வளைவரையில் சாய்வு (slope) எப்போதும் இரண்டை விடக் குறையாது.

ஐசக் நியூட்டனின் வழிமுறை:

நாம், முன்பு இரு நெருக்கமான புள்ளிகளை எடுத்துக்கொண்டு அதன் சாய்வைக் கண்டறிந்து சோதித்தோம். இப்போது அந்த இடைவெளியை இன்னும் கொஞ்சம் குறைப்போம்.

ஆனால் இந்தத் தடவை முன்பு போல் $x_1 = 1$ மற்றும் $x_2 = 1.000000001$ என்பது போல் எடுக்கப்போவதில்லை. ஏனென்றால், ஏற்கனவே இந்த எண்களுடன் கொஞ்சம் அதிகமாகவே விளையாடிவிட்டோம். அதனால் இந்தத் தடவை இடைவெளியை மிகச்சிறியதாக ஆக்குவதற்காக ஒரு வித்தியாசமான வார்த்தையைப் பயன்படுத்துவோம். என்ன புரியவில்லையா? முன்பு முதல் புள்ளியை $x_1 = 1$ எனவும் இரண்டாம் புள்ளியை $x_2 = 1 + 0.000000001$ எனவும் எடுத்துக்கொண்டோம் அல்லவா?

இங்கு இரண்டாம் புள்ளியை $x_2 = 1+$ “குட்டி” x என எடுத்துக் கொள்வோம். “குட்டி x (tiny x)” என்றால் அது ஒரு மிக மிகச்சிறிய இடைவெளி (ஆனால் ஜீரோ அல்ல) என்று பொருள்.

உதாரணமாக,

குட்டி x = 0.0000000000001 (தோராயமாக)

$$\therefore x_2 = 1 + \text{ குட்டி } x = 1.0000000000001$$

இப்போது புரிகிறதா? மிக மிக நெருக்கமான இரு புள்ளிகளை எடுப்பதற்காக மட்டும் தான் இந்த வார்த்தையை நாம் பயன்படுத்தியுள்ளோம். எனவே $x_1 = 1$ என முன்பு போலவும்,

$x_2 = 1 +$ குட்டி x எனவும் எடுத்துக் கொள்வோம்.

இப்போது $y_1 = 1^2$ மற்றும் $y_2 = (1+$குட்டி $x^2)$ ஆக இருக்கும். ஒவ்வொரு தடவையும் "குட்டி x" எனப் படிப்பது சிரமமாக இருப்பதால் "குட்டி x" என்பதை Δx என வைத்துக் கொள்வோம்.

$\therefore x_2 = 1 + \Delta x$ மற்றும் $y_2 = (1+\Delta x)^2$ ஆகும்.

(மேலும் Δx என்பது Δ மற்றும் x ஆகியவைகளின் பெருக்கற்பலன் அல்ல. Δx என்பது x-ல் உள்ள மிகமிகச் சிறிய இடைவெளியையே எப்போதும் குறிக்கும்.)

எனவே இப்போது நாம் எடுத்துக்கொண்டுள்ள இரண்டு புள்ளிகள் பின்வருமாறு,

$(x_1, y_1) = (1, 1^2)$ மற்றும் $(x_2, y_2) = \left[1+\Delta x, (1+\Delta x)^2\right]$ ஆகும்.

இந்த இரு புள்ளிகளுக்கு இடையேயான சாய்வு (slope),

$$m = \frac{y_2 - y_1}{x_2 - x_1} = \frac{(1+\Delta x)^2 - 1^2}{\not{1} + \Delta x - \not{1}}$$

[நமக்குத் தெரியும், $(a+b)^2 = a^2 + b^2 + 2ab$]

$$m = \frac{\not{1} + (2)(1)(\Delta x) + (\Delta x)^2 - \not{1}}{\Delta x}$$

$$= \frac{2.\Delta x + \Delta x^2}{\Delta x}$$

(Δx -ஐப் பொதுவாக வெளியெடுக்க)

$$= \frac{(\Delta x)(2 + \Delta x)}{\Delta x}$$

$$\text{சாய்வு (Slope)}, m = 2 + \Delta x$$

இப்போது Δx ஆனது 2 உடன் ஒப்பிடும் போது Δx மிக மிகச் சிறியது. எனவே நாம் அதைப் புறக்கணித்து விடலாம். மேலும் Δx ஆனது முன்பு போல் பகுதியிலும் (denominator) இல்லை. எனவே தலைகீழ்(inverse)செய்யப்படுவதற்கானவாய்ப்பும்இல்லை.அதனால் Δx புறக்கணிக்கப்படுகிறது. எனவே சாய்வு (Slope), $m = 2$ ஆகும்.

இப்போது நாம் $y = x^2$ என்ற வளைவரையில் $x_1 = 1$ மற்றும் $x_2 = 1 + \Delta x$ என்ற இரு புள்ளிகளுக்கு இடையேயான சராசரி சாய்வை இரண்டு எனக் கண்டறிந்தோம்.

மேலும் இந்தக் கணக்கை நாம் முதலில் ஆரம்பிக்கும் போது $x_1 = 1$ மற்றும் $x_2 = 3$ என்ற இரு புள்ளிகளுக்கு இடையே உள்ள சாய்வைத் தோராயமான சாய்வு (apporximate slope) 4 எனக் குறிப்பிட்டோம். மேலும் புள்ளிகளுக்கு இடையே உள்ள நெருக்கத்தை அதிகரிக்க அதிகரிக்கச் சாய்வின் மதிப்பு இரண்டிற்கு அருகில் வந்ததையும் நாம் கண்டோம். கடைசியில் கிடைத்த சாய்வு $2 + \Delta x$-ல் Δx மிகவும் சிறியதாக இருப்பதால் அதைத் தூக்கியெறிந்து சாய்வானது 2 (slope=2) என்ற முடிவிற்கு வந்தோம்.

எனவே இப்போது உள்ள $x_1 = 1$ மற்றும் $x_2 = 1 + \Delta x$ என்ற இரு புள்ளிகளும் மிக மிக நெருங்கிய புள்ளிகளாய் இருப்பதால் இப்புள்ளிகளுக்கு இடையே உள்ள சாய்வு $x = 1$ என்ற புள்ளியில் உள்ள துல்லியமான சாய்வாகும் (accurate slope at $x = 1$).

$y = x^2$ என்ற வளைவரையில் மற்றொரு புள்ளியில் சாய்வு:

இப்போது $y = x^2$ என்ற வளைவரையில் எந்த ஒரு புள்ளியிலும் சாய்வை முந்தையப் முறையின் மூலம் கண்டறிய முடியும். உதாரணமாக $x = 4$ என்ற புள்ளியில் வளைவரையின் சாய்வைக் கண்டறிய முயற்சி செய்வோம்.

முன்பு போல் அல்லாமல் நேரடியாகக் கடைசி படிக்கு வந்து விடலாம்.

$x_1 = 4, \quad x_2 = 4 +$ குட்டி $x = 4 + \Delta x$ என எடுத்துக் கொள்வோம்.

$$\therefore y_1 = 4^2 = 16$$

மற்றும் $y_2 = (4 + \Delta x)^2$

$$= 4^2 + (2)(4)(\Delta x) + \Delta x^2$$

$$y_2 = 16 + 8\,\Delta x + \Delta x^2$$

இப்போது $x = 4$ என்ற புள்ளியில் $y = x^2$ என்ற வளைவரையின் சாய்வு.

$$\text{சாய்வு (slope)} = \frac{\Delta y}{\Delta x} = \frac{y_2 - y_1}{x_2 - x_1}$$

$$= \frac{\cancel{1}6 + 8\Delta x + \Delta x^2 - 1\cancel{6}}{\cancel{4} + \Delta x - \cancel{4}}$$

$$= \frac{8\Delta x + \Delta x^2}{\Delta x}$$

(Δx-ஐப் பொதுவாக வெளியில் எடுக்க)

$$= \frac{\Delta\cancel{x}(8 + \Delta x)}{\cancel{\Delta}x}$$

$\therefore$ சாய்வு $(\text{slope}) = 8 + \Delta x$

நமக்குத் தெரியும் Δx ஆனது 8 உடன் ஒப்பிடும் போது மிக மிகச் சிறியது. அதனால் அதை நாம் புறக்கணித்துவிடலாம்.

எனவே $x = 4$ என்ற புள்ளியில் $y = x^2$ என்ற வளைவரையின் சாய்வு 8 ஆகும்.

இப்போது உங்களுக்குள் ஒரு கேள்வி எழலாம். சாய்வு = $8 + \Delta x$ எனும் போது Δx புறக்கணிக்கப்படுகிறது. அதுவே $x_2 = 4 + \Delta x$ எனும் போது Δx ஏன் புறக்கணிக்கப்படுவதில்லை? ஏனென்றால் இங்கும் $4 + \Delta x$ உடன் ஒப்பிடும்போது Δx மிகச் சிறியதுதானே. ஏன் இங்கு மட்டும் Δx புறக்கணிக்கப்படுவதில்லை? ஏனென்றால் இந்த Δx ஆனது y_2 கண்டறியப்படும் போது $y_2 = (4 + \Delta x)^2$ ஆக உருவாகிறது. எனவே இங்கு Δx ஆனது முக்கியத்துவத்தைப் பெறுகிறது. இதற்கு இன்னொரு காரணமும் உண்டு.

இந்த இடத்தில் ஒரு சீனப்பழமொழியை நினைவு கூறுவது மிகச் சரியாக இருக்கும் என்று நினைக்கிறேன். ஒரு மிகப்பெரிய ஆறு ஓடி வரும் பாதையை மாற்ற வேண்டுமெனில், தொடக்கத்தில் அது உருவாகக் காரணமாக இருக்கின்ற ஒரு சிறிய ஊற்றின் திசையை மாற்றினால் போதும். இங்கு நாம் புரிந்து கொள்ள வேண்டியது என்னவெனில், அந்தப் பெரிய ஆறானது கடலைச் சேரும் போது அந்த ஊற்றளவு தண்ணீர் பெரியதாகத் தோன்றாது. ஆனால் அந்த ஆறு உண்டாகும் இடத்தில் அந்தச் சிறிய ஊற்றானது மிகப்பெரிய முக்கியத்துவத்தைப் பெறுகிறது. எந்த அளவிற்கு என்றால் அந்த ஊற்றினால் அந்த மிகப் பெரிய ஆறு செல்லும் பாதையைக் கூட எளிதாக மாற்ற இயலும். அது போலத்தான் சாய்வு கண்டறியும் செயல்முறையின் இறுதியில் Δx-ஐப் புறக்கணிப்பது எந்தப் பாதிப்பையும் ஏற்படுத்தாது. எப்படி அந்த ஊற்றளவு தண்ணீர், ஆறு கடலில் சேரும் இறுதி சமயத்தில் எந்தத் தாக்கத்தையும் ஏற்படுத்தாதோ அது போல். ஆனால் தொடக்கத்தில் அந்த ஊற்று மிக முக்கியப் பங்கு வகிக்கிறது அல்லவா, அது போலச் சாய்வு கண்டறியும் செயல்முறையின் தொடக்கத்தில் Δx ஆனது மிக முக்கியப் பங்கு வகிக்கிறது.

இப்போது $y = x$ என்ற வளைவரையில் $x = 2$ என்ற புள்ளியில் சாய்வைக் கண்டறியும்போது நமக்கு 4 எனக் கிடைத்தது. மேலும் வளைவரையின் மற்ற புள்ளிகளில் சாய்வு கண்டறியும் போது நமக்குப் பின்வருமாறு மதிப்புகள் கிடைக்கின்றன.

$$x = 1- ல் சாய்வு = 2$$
$$x = 2- ல் சாய்வு = 4$$
$$x = 3- ல் சாய்வு = 6$$
$$x = 4- ல் சாய்வு = 8$$
$$x = 50- ல் சாய்வு = 100$$

எனவே எந்தப் புள்ளியில் சாய்வு வேண்டுமோ அந்தப் புள்ளியை இரண்டால் பெருக்கினால் அதன் சாய்வு கிடைத்து விடும்.

எனவே பொதுவாக $y = x^2$ என்ற வளைவரையில் எந்த ஒரு புள்ளி 'x'-க்கும் கிடைக்கும் சாய்வின் மதிப்பானது '2x' ஆகும். எனவே 'x'-ன் மதிப்பை எடுத்து '2x'-ல் பிரதியிட்டால் (substitute) நமக்குச் சாய்வு கிடைத்து விடும்.

உதாரணமாக $x = 5-$ல் சாய்வு, $m = 2x = 2(5) = 10$ ஆகும்.

எனவே $y = x^2$ என்ற வளைவரையில் உள்ள அனைத்துப் புள்ளிகளுக்கும் பொதுவான சாய்வு '2x' என்பது உறுதி. சரி எப்படி இரண்டு மூன்று புள்ளிகளை வைத்துப் பொதுவான சாய்வு '2x' என்று முடிவுக்கு வர முடியும் என்ற கேள்வி எழுகிறதா?

இப்போது முன்பு போலவே சாய்வு கண்டறியும் செயல்முறைக்கு வருவோம்.

இப்போது $x_1 = 1$ அல்லது $x_1 = 2$ எனக் குறிப்பிட்ட மதிப்புகளை எடுக்காமல் பொதுவாக $x_1 = x$ என எடுத்துக் கொள்வோம்.

மேலும் $x_2 = x + \Delta x$ ஆகும்.

இப்போது,

$y = x^2$ என்ற வளைவரையில் $y = x^2$, மற்றும்

$$y_2 = \left(x + \Delta x \right)^2$$

$$y_2 = x^2 + 2x. \Delta x + \left(\Delta x \right)^2$$

இப்போது x மற்றும் $x + \Delta x$ க்கு இடையே உள்ள சாய்வு,

$$சாய்வு\ (slope), m = \frac{y_2 - y_1}{x_2 - x_1}$$

$$m = \frac{x^2 + 2.x.\Delta x + (\Delta x)^2 - x^2}{x + \Delta x - x}$$

$$= \frac{2x.\Delta x + (\Delta x)^2}{\Delta x}$$

(Δx -ஐப் பொதுவாக வெளியில் எடுக்க)

$$= \frac{\cancel{\Delta x}(2x + \Delta x)}{\cancel{\Delta x}}$$

சாய்வு (slope) $m = 2x + \Delta x$

எப்போதும் போல Δx -ஐப் புறக்கணித்தால் சாய்வு $2x$ எனக் கிடைக்கும்.

இப்போது $y = x^2$ என்ற வளைவரையில் எந்தவொரு புள்ளி x-க்கும் கிடைக்கும் சாய்வின் ஒரு பொதுவான சூத்திரம் (formula) $2x$ ஆகும். இங்கு Δx ஆனது x-ன் மிகச்சிறிய இடைவெளியைக் குறிப்பதால் அதனால் கிடைக்கும் ஏற்றமான (rise) y-ன் இடைவெளியும் மிகச் சிறியதாகவே இருக்கும். எனவே அதை நாம் வசதியாக Δy எனக் குறிப்பிடுவோம்.

இப்போது,

$\Delta y = y_2 - y_1 =$ செங்குத்து உயரத்தில் (vertical height) அல்லது y -ல் ஏற்படும் மாற்றம்

அதைப் போல,

$\Delta x = x_2 - x_1 =$ கிடைத்தளத் தூரம் (horizontal distance) அல்லது x ல் ஏற்படும் மாற்றம்,

எனவே சாய்வு, $m = \dfrac{\Delta y}{\Delta x}$.

இங்கு Δx ஆனது மிக மிகச் சிறிய மதிப்பாகும். அதாவது பூஜ்ஜியத்திற்கு மிக அருகில் உள்ள மதிப்பாகும் ஆனால் பூஜ்ஜியம்

அல்ல. ஏனென்றால் ஒரு எண்ணைப் பூஜ்ஜியத்தால் வகுத்தால் (dividing any number by zero will become infinity) அது முடிவிலி ஆகிவிடும். இங்கு மிகச்சிறிய மதிப்பான Δx–ஐ கொண்டு இன்னொரு மிகச் சிறிய மதிப்பான Δy–ஐ வகுப்பதால் சாய்வு (slope) ஒரு குறிப்பிடத்தக்க மதிப்பைப் பெறுகிறது. எனவே பொதுவாக ஏற்றுக் கொள்ளப்பட்ட சாய்வின் சூத்திரம் (general formula for slope) ஆனது,

$$\text{சாய்வு (slope)}, m = \frac{\Delta y}{\Delta x}$$

இங்கு Δx ஆனது பூஜ்ஜியத்திற்கு மிக அருகில் உள்ளவாறு செய்யப்படுகிறது. அதை $\lim_{\Delta x \to 0}$ எனக் குறிக்கலாம். அதாவது Δx -ன் Limit அல்லது எல்லை பூஜ்ஜியம் (zero) ஆகும்.

$$m = \lim_{\Delta x \to 0} \frac{\Delta y}{\Delta x}$$

இங்கு $\lim_{\Delta x \to 0} \frac{\Delta y}{\Delta x}$ ஆனது தான் x-ஐப் பொருத்து y-ன் வகையீடு (differentiation of y with respect to x) எனப்படுகிறது.

$m = \lim_{\Delta x \to 0} \frac{\Delta y}{\Delta x}$ -ஐ $\frac{dy}{dx}$ அல்லது $f'(x)$ அல்லது $y'(x)$ அல்லது $D_y(x)$ என்று பல வழிகளில் குறிக்கலாம்.

இப்போது $y = x^2$ என்ற வளைவரையின் பொதுவான சாய்வு,

$$m = \lim_{\Delta x \to 0} \frac{\Delta y}{\Delta x} = \frac{dy}{dx} = 2x$$

$\Delta x \to 0$ -ல் உள்ள அம்புக்குறியானது (arrow mark) Δx பூஜ்ஜியமாகி விடும் என்பதைக் குறிக்காமல் அது பூஜ்ஜியத்திற்கு அருகில் உள்ள மிக மிகச் சிறிய மதிப்பு என்பதைக் குறிக்கிறது.

மேலும் dy என்பது d மற்றும் y -ன் பெருக்கற்பலன் அல்ல மற்றும் dx என்பது d மற்றும் x -ன் பெருக்கற்பலன் அல்ல. d மற்றும் y யையோ அல்லது d மற்றும் x யையோ தனியாகப் பிரிக்க இயலாது. இவ்வளவுதான் சாய்வைக் கண்டறியும் செயல்முறை ஆகும்.

$y = x^2$ என்ற வளைவரைக்கு ஏதேனும் ஒரு புள்ளி x-ல் சாய்வைக் கண்டறிய நாம் செய்ய வேண்டியது என்னவெனில், அப்புள்ளியுடன் இரண்டைப் பெருக்கினால் போதும். எந்தப் படமும் வரையத் தேவையில்லை. நேரடியாகவே கண்டுபிடித்து விடலாம்.

இப்போது வரை பார்த்த இந்தச் சின்ன சாதனத்துடன் நாம் மிக மிக அருகில் உள்ள இரு புள்ளிகளுக்கு இடையேயான சராசரி சாய்வை எளிதாகக் கண்டறியலாம். முன்பு படம் வரைந்து கண்டறிந்தது போல் இல்லாமல் எளிதாக உள்ள சூத்திரத்தின் மூலம் சாய்வு கண்டறியும் முறையால் நமக்குக் கிடைக்கும் வசதிகள் பின்வருமாறு,

- ஒரு குறிப்பிட்ட சார்பில் (function) உள்ள அனைத்துப் புள்ளிகளுக்கும் பொதுவான சாய்வை (general slope) எளிய சூத்திரத்தின் (formula) மூலம் விரைவாகக் கண்டறிய இயலும்.
- இம்முறையில் சாய்வைக் கண்டறிய எந்த ஒரு வரைபடமும் (graph) வரையத் தேவையில்லை.
- இதுதான் ஒரு சார்பின் வகையீடு (differentiation of function) ஆகும்.
- மேலும் $\frac{dy}{dx}$ ஆனது y ஆனது x -ஐப் பொருத்து என்ன வீதத்தில் மாறுகிறது (rate of change of y with respect to x or differentiation of y with respect to x) என்பதை நமக்குத் தருகிறது.

03

வகையீடு செய்வதற்கான சூத்திரங்கள் உண்டான விதமும் வகையீடு செய்யும் வழிமுறையும்

$y = x^n$ என்ற சார்பிற்குப் பொதுவான சாய்வைக் கண்டறிதல் :

இப்போது நாம் பொதுவாக $y = x^n$ என்ற சார்பை எடுத்துக் கொள்வோம். இங்கு n ஆனது ஏதேனும் ஒரு மெய் எண்ணைக் (Real Number) குறிக்கும்.

உதாரணம்:

$$n = 0 \Rightarrow y = x^0 = 1$$

$$n = 1 \Rightarrow y = x^1 = x$$

$$n = 2 \Rightarrow y = x^2$$

$$n = -2 \Rightarrow y = x^{-2} = \frac{1}{x^2}$$

சரி, இந்தச் சார்பில் முன்பு போல் x அச்சில் x மற்றும் x + Δx என உள்ள மிக நெருக்கமான இரண்டு புள்ளிகளைப் பொதுவாக எடுத்துக் கொள்வோம்.

இங்கு $\Delta x \rightarrow 0$ ஆகும். (அதாவது Δx ஆனது பூஜ்ஜியத்திற்கு மிக அருகில் உள்ள மதிப்பாகும்.)

$$\therefore \ x_1 = x \ \text{மற்றும்} \ x_2 = x + \Delta x$$

$y = x^n$ என்பதால், $y_1 = x^n$ மற்றும் $y_2 = (x + \Delta x)^n$

$$\text{சாய்வு (slope)} = \frac{y_2 - y_1}{x_2 - x_1} = \frac{\Delta y}{\Delta x}$$

$$= \frac{(x + \Delta x)^n - x^n}{x + \Delta x - x}$$

பைனாமியல் தேற்றத்தின் படி,

$$(x + a)^n = x^n + nx^{n-1}a + \frac{(n \times (n-1))}{2}x^{n-2}a^2 + \frac{(n \times (n-1)(n-2))}{6}x^{n-3}a^3 + \cdots + a^n$$

$$\therefore (x + \Delta x)^n = x^n + nx^{n-1}\Delta x + \frac{(n \times (n-1))}{2}x^{n-2}\Delta x^2 + \ldots\ldots + (\Delta x)^n$$

எனவே சாய்வு (Slope),

$$m = \frac{(x^n + nx^{n-1}\Delta x + \frac{(n \times (n-1))}{2}x^{n-2}\Delta x^2 + \ldots\ldots + \Delta x^n) - x^n}{\Delta x}$$

பகுதியில் (denominator) உள்ள அனைத்து உறுப்புகளிடம் (terms) இருந்தும் Δx -ஐப் பொதுவாக வெளியில் எடுத்துக் கொள்வோம்.

$$m = \frac{\Delta x \left(nx^{n-1} + \frac{(n \times (n-1))}{2}x^{n-2}\Delta x^1 + \frac{(n \times (n-1)(n-2))}{6}x^{n-3}\Delta x^2 + \ldots\ldots + \Delta x^{n-1}\right)}{\Delta x}$$

$$= nx^{n-1} + \frac{(n \times (n-1))}{2}x^{n-2}\Delta x^1 + \frac{(n \times (n-1)(n-2))}{6}x^{n-3}\Delta x^2 + \ldots\ldots + \Delta x^{n-1}$$

நமக்குத் தெரியும், $m = \dfrac{dy}{dx} = \lim\limits_{\Delta x \to 0} \dfrac{\Delta y}{\Delta x}$

$\Delta x \to 0$ என்பதால் Δx இருக்கக்கூடிய பகுதிகளைப் (terms) புறக்கணிக்க,

$$\therefore \text{ சாய்வு, } m = \dfrac{dy}{dx} = \lim\limits_{\Delta x \to 0} \dfrac{\Delta y}{\Delta x} = nx^{n-1}$$

எனவே $y = x^n$ என்ற சார்பிற்கான சாய்வு,

$$\mathbf{m = \dfrac{dy}{dx} = nx^{n-1}}$$

சில உதாரணங்கள்:

1. $y = x^3$ என்ற சார்பிற்கு,

$$\text{சாய்வு} = \dfrac{dy}{dx} = 3x^{3-1} = 3x^2$$

2. $y = x$ என்ற சார்பிற்கு, $\left(y = x^1 \right)$

$$\text{சாய்வு, } m = \dfrac{dy}{dx} = 1.x^{1-1} = x^0$$

பூஜ்ஜியத்தை அடுக்காகக் கொண்ட எந்தவொரு மதிப்பும் ஒன்று ஆகும். (anything power to zero is one).

இங்கு x என்ற உறுப்பில் அடுக்கு (power) பூஜ்ஜியம் (x^0) ஆகும். எனவே, $nx^{n-1} = 1.x^{1-1} = x^0 = 1$ ஆகும்.

$$\therefore \dfrac{dy}{dx} = 1$$

3. $y = 5$,

5 என்ற உறுப்பில் x என்ற மாறியே (variable) இல்லை. எனவே 5-ஐ $5x^0$ என எழுதலாம். $\left[5 = 5x^0 \right]$

$$\therefore \text{சாய்வு} = \frac{dy}{dx} = 0.x^{0-1} = 0$$

மேலும் $y = 5$ என்பது மாறிலிச் சார்பாகும் (constant function).

எனவே அதன் சாய்வு பூஜ்ஜியம் (slope is zero) ஆகும். (படம் 1.7-ஐப் பார்க்கவும்)

அதாவது x-ஐப் பொருத்து y-ல் எந்த ஒரு மாற்றமும் இல்லை.

4. $y = x^3 + 6x^2 + 12x + 5$

சாய்வு, $m = \dfrac{dy}{dx}$

$$= 3x^{3-1} + 6\left(2x^{2-1}\right) + 12\left(1.x^{1-1}\right) + 5\left(0.x^{0-1}\right)$$

$$= 3x^2 + 12x + 12x^0 + 0$$

$$\frac{dy}{dx} = 3x^2 + 12x + 12$$

5. $y = x^{1/2} - \dfrac{x^{3/4}}{2} + 9$

$$\text{சாய்வு, } m = \frac{dy}{dx} = \frac{1}{2}x^{1/2 - 1} - \frac{1}{2}\left[\frac{3}{4}\left(x^{3/4 - 1}\right)\right] + 9\left(0.x^{0-1}\right)$$

$$\frac{dy}{dx} = \frac{1}{2}x^{-1/2} - \frac{3}{8}x^{-1/4}$$

சாய்வு கண்டறியும் இந்த முறையைத்தான் முதல் வகையீடு (first order differentiation) என்கிறோம். எனவே ஒரு குறிப்பிட்ட சில சூத்திரங்கள் அல்லது குறுக்கு வழிகளை (short cuts) நினைவில் கொள்வதன் மூலம் வகையீட்டை (differentiation) எளிதாகச் செய்ய முடியும். ஆனால் இந்தக் குறுக்கு வழிகள் அல்லது சூத்திரங்களைப் (formulas) பயன்படுத்தும்போது இவை எவ்வாறு உருவாகினஎன்பதை நினைவில் கொள்ள வேண்டும். (மேலும் நாம் வகையீட்டைச் செய்ய இந்தக் குறுக்கு வழிகளை மட்டுமே பயன்படுத்தியாக வேண்டும். ஏனென்றால் நேரம் மிக முக்கியமானதல்லவா?) உதாரணமாக,

$y = x^3 + 8x^2 + 2$ என்ற சார்பிற்கு (function) முதல் வகையீடு (first order differentiation) $\frac{dy}{dx} = 3x^2 + 16x$.

இந்த மாற்றம் ஒரு மேஜிக் போல கூட நமக்குத் தோன்றலாம். மேலும் இந்த மாற்றம் ஒரு பொய்யானது போலவும், கணிதத்திற்கு எதிரானது போலவும் கூடத் தோன்றும். நம்பினால் நம்புங்கள், வகையீட்டை இந்தக் குறுக்கு வழியைப் பயன்படுத்திக் கண்டறிவது, நமக்குத் தெரிந்த அனைத்துக் கணிதத் தர்க்கங்களுக்கும் (mathematical operations) எதிரானதாகவும், நாம் இதுவரை படித்த அனைத்துக் கணிதச் செயல்முறைகளிலிருந்தும் வேறுபட்டதாகவும் இருக்கும். மேலும் இந்தக் குறுக்குவழியைப் பயன்படுத்துவது ஒரு சரியான வழிமுறையாக நமக்குத் தெரியாததால் நாம் வகையீடு (differentiation) செய்யும் போது நம் மூளையில் திடீரென்று ஒரு அதிர்வு ஏற்பட்டது போல இருக்கும். ஏனென்றால் இந்த வேலையைச் செய்யும்போது நாம் இதுவரை படித்த அனைத்து இயற்கணிதச் செயல்முறைகளையும் (Algebra) மறந்து விட வேண்டும். இது ஒரு தற்காலிக அம்னீசியா போலத்தான் தோன்றும். ஆனால் நாம் ஏன் இவ்வாறு செய்கிறோம் என்பதற்கான மொத்த விளக்கத்தையும் ஒவ்வொரு முறையும் நினைவில் கொண்டால் நமது மூளைக்குத் தெளிவாக விளங்கிவிடும்.

மேலும் சாய்வு கண்டறியும் போது (slope finding) அதாவது வகையீடு (differentiation) செய்யும் போது ஒரு சிறிய பிழை கூட இருக்கக் கூடாது. ஏனென்றால் சாதாரணக் கூட்டல், கழித்தல் செயல்முறைகளில் (arithmetic operations) ஏதாவது சிறு பிழை ஏற்பட்டால் விளைவும் (result) சிறியதாகத்தான் இருக்கும். ஆனால் வகையீட்டில் (differentiation) அவ்வாறில்லை. இங்கு மிக மிகச் சிறிய எண்ணால் வகுக்கும் செயல் (dividing by very small number) அதாவது மிகப்பெரிய எண்ணால் பெருக்கும் செயல் (multiplying by very large number) நடக்கிறது.

எனவே ஒரு சின்னப் பிழை ஏற்பட்டால் கூட விளைவில் மிகப்பெரிய பிழை நடந்து விடும்.

இதை ஒரு சிறு உதாரணத்துடன் பார்ப்போம். அதாவது சிறிய பிழை எவ்வாறு மிகப் பெரிய தவறை உண்டாக்குகிறது என்று பார்க்கலாம்.

உதாரணமாக, நீங்கள் ஒரு நிறுவனத்தில் வேலை செய்கிறீர்கள் என்று வைத்துக் கொள்ளுங்கள். உங்களுடைய சம்பளம் ஒரு மணி நேரத்திற்கு ரூ.6 எனக் கொள்ளுங்கள். நீங்கள் வாரத்திற்கு 40 மணி நேரம் வேலை செய்திருக்கிறீர்கள். ஆனால் உங்களது முதலாளி தவறுதலாக உங்களுக்கு 38 மணி நேரத்திற்கான சம்பளத்தைக் கொடுத்து விட்டார். அதனால் உங்களுக்குக் கொடுக்காமல் விட்ட சம்பளம் ரூ.12 தான். இப்போது இரண்டு மணி நேரப் பிழை சம்பளத்தில் ரூ.12 இழப்பை உண்டாக்கியது.

இப்போது தவறு வேறு விதமாக நடக்கிறது என்று எடுத்துக் கொள்வோம். அதாவது உங்களுக்கு ஒரு மணி நேரத்திற்கு ரூ.6 சம்பளம் அல்லவா? அதை ஒரு மணி நேரத்திற்கு ரூ.4 சம்பளம் என்று உங்கள் முதலாளி எடுத்துக் கொண்டார் என வைத்துக் கொள்ளுங்கள். இந்தப் பிழை என்னவென்று பார்த்தால் ரூ.2 தான். முன்பு போல் மிகச் சிறிய பிழைதான். ஆனால் இதனால் உங்களுக்கு ஏற்படும் இழப்பு ரூ. 80. ஏனென்றால் ஒரு மணி நேரத்திற்கு ரூ.6 எனில் 40 மணி நேரத்திற்கு உங்கள் மொத்த சம்பளம் ரூ.240 ஆகும். ஆனால் ஒரு மணி நேரத்திற்கு ரூ.4 எனக் கணக்கிட்டால் 40 மணி நேரத்திற்கு உங்கள் மொத்தச் சம்பளம் ரூ.160 தான். எனவே இழப்பு ரூ.80 ஆகும். மேற்கூறிய இரு உதாரணங்களிலும் பிழை 2 என்ற எண்ணளவில் தான் நடந்திருக்கிறது. ஆனால் முதல் பிழையில் இழப்பு ரூ.12 இரண்டாவதில் இழப்பு ரூ.80 ஆகும்.

இதே உதாரணத்தை நாம் கணிதவியலாகப் பார்ப்போம். இங்கு உங்களுக்கு ஒரு மணி நேரத்திற்குச் சம்பளம் ரூ.6.00 ஆகும். எனவே காலத்தை "x" எனவும் சம்பளத்தை "y" எனவும் கொள்க.

நமக்குத் தெரியும் சம்பளம், y = 6x

x - வேலை செய்த மணி நேரங்கள்,

∴ y = 6x ஆகும்.

இந்தச் சார்பின் (function) சாய்வு (slope) $= \dfrac{dy}{dx} = 6\left(1.x^{1-1}\right)$

$$= 6x^0 = 6$$

சாய்வு (slope), $\dfrac{dy}{dx} = 6$ ரூபாய்/மணி

இங்கு $\frac{dy}{dx}$ என்பது ஒரு மணி நேரத்திற்கு நீங்கள் பெறும் சம்பளத்தைக் குறிக்கும்.

எனவே 40 மணி நேரத்திற்கு மொத்தச் சம்பளம் $= 40 \times 6$

$$= ரூ. 240/-.$$

இதுவே ஒரு மணி நேரத்திற்குச் சம்பளம் ரூ.4.00 என அதாவது $\frac{dy}{dx}=4$ எனத் தவறாக எடுத்துக் கொண்டால் y=4x ஆகும் .

இந்தச் சார்பின் (function) சாய்வு (slope) $= \frac{dy}{dx} = 4\left(1.x^{1-1}\right)$

$$= 4x^0 = 4$$

சாய்வு (slope) $\frac{dy}{dx} = 4$ ரூபாய்/மணி

40 மணி நேரத்திற்கு மொத்த சம்பளம் $= 40 \times 4$

$$= ரூ.160/-$$

பிழை (error) $= 240 - 160 = ரூ.80$

எனவே வகையீட்டில் (differentiation) செய்த பிழை "2" ஆனது மொத்தமாக ரூ.80 என்ற பிழையை உண்டாக்கியுள்ளது. மேலும் நினைவில் கொள்ளுங்கள் 240 ரூபாயில் 2 ரூபாய் பிழை ஏற்படுவது பெரிய பிரச்சனை இல்லை. ஆனால் ஆரம்பத்தில் உள்ள ரூ.6/ மணியில் (Rs.6/hour) ரூ.2/மணி (Rs. 2 /hour) என்ற பிழை ஏற்படுவது மிகப் பெரிய தவறை உண்டாக்கும். எனவே வகையீடு (differentiation) செய்யும் போது வருகின்ற கணிதச் செயல்முறைகளில் ஒரு சிறு பிழையைக் கூடச் செய்யாதீர்கள்.

மேலும் வகையீடு (differentiation) செய்வது இயற்கணித மற்றும் அடிப்படைக் கணித செயல் முறைகளின் (algebra and arithmetic operations) தர்க்கத்திற்கு (logic) எதிரானதல்ல. நாம் செய்ய வேண்டியதெல்லாம் என்னவென்றால் வகையீட்டிற்கான (derivative) குறுக்கு வழிக்கான சூத்திரங்களை (formulas for short cuts) மனப்பாடம் செய்து அப்படியே பயன்படுத்த வேண்டியது தான். முன்பு செய்தது போல் ஒவ்வொரு தடவையும் மிகப் பெரிய செயல்முறையைச் செய்யத் தேவையில்லை.

நம்பினால் நம்புங்கள், வகையீடு (differentiation) செய்வது மிகவும் எளிதானது. அது நம்மை அடிப்படைக் கணிதத்தில் (arithmetic)

சிறு பிழைகள் செய்வதிலிருந்து தடுத்துச் சரியான முறையில் துல்லியமாகச் சாய்வு கண்டறிய வழி நடத்துகிறது.

மற்ற சார்புகள் மற்றும் சமன்பாடுகளுக்கான வகையீடு (Derivatives for other different functions & equations)

$y = x^2$ என்ற எளிய சார்புக்கு (function) வகையீடு (differentiation) $\frac{dy}{dx} = 2x$ என்பது நமக்குத் தெரியும்.

மேலும் $y = x^2$ என்ற சார்பின் பொதுவான வடிவம் $y = x^n$. எனவே அதற்கு வகையீடு, $\frac{dy}{dx} = nx^{n-1}$

எனவே ஒவ்வொரு வகையான சமன்பாடுகளுக்கும் சாய்வு (slope) (அ) வகையீடு (derivative) கண்டறிவதற்கு ஒவ்வொரு முறை உள்ளது. உதாரணமாக $y = \frac{2x}{1-x^2}$ என்ற சார்பை (function) எடுத்துக் கொள்வோம். இதற்கு $\frac{dy}{dx}$ ஐ எளிதாகக் கண்டறிய ஒரு பொதுவான சூத்திரத்தை (formula) மனப்பாடம் செய்து கொள்ளலாம். அது பின்வருமாறு,

$$\frac{d\left(\dfrac{u}{v}\right)}{dx} = \frac{v\dfrac{du}{dx} - u\dfrac{dv}{dx}}{v^2} \quad -----(1)$$

இங்கு, $\dfrac{dy}{dx} = \dfrac{d\left(\dfrac{u}{v}\right)}{dx}$

$$y = \frac{u}{v} = \frac{2x}{1-x^2}$$

எனவே, $u = 2x, \ v = 1 - x^2 = x^0 - x^2$

$$\frac{du}{dx} = 2\left(1.x^{1-1}\right) = 2$$

$$\frac{dv}{dx} = \left(0.x^{0-1}\right) - 2x^{2-1} = -2x$$

$u, v, \dfrac{du}{dx}, \dfrac{dv}{dx}$ ஆகியவற்றை (1)-ல் பிரதியிடும் போது,

$$\frac{dy}{dx} = \frac{d\left(\dfrac{u}{v}\right)}{dx} = \frac{\left(1-x^2\right)2 - \left((2x)(-2x)\right)}{\left(1-x^2\right)^2}$$

$$= \frac{-2 - 2x^2 - \left(-4x^2\right)}{\left(1-x^2\right)^2}$$

$$= \frac{-2 - 2x^2 + 4x^2}{\left(1-x^2\right)^2}$$

$$\frac{dy}{dx} = \frac{2x^2 - 2}{\left(1-x^2\right)^2}$$

எனவே இது தான் $y = \frac{2x}{1-x^2}$ என்ற சார்பிற்கான வகையீடு (derivative) ஆகும்.

மற்ற வகைச் சார்புகள் அனைத்திற்கும் வகையீடு செய்வது எப்படி என்பதை ஒவ்வொன்றாகப் பார்க்கலாம்.

1. $y = c$ எனில்,

$$\frac{dy}{dx} = \frac{d(c)}{dx} = 0 \quad \text{(C என்பது மாறிலி (constant) ஆகும்.)}$$

2. $y = x$ எனில்,

$$\frac{dy}{dx} = \frac{d(x)}{dx} = 1$$

3. $y = c\,x$ எனில்

$$\frac{dy}{dx} = \frac{d(cx)}{dx} = c\frac{d(x)}{dx}$$

$$\frac{dy}{dx} = c.1 = c$$

4. $y = c\,V$ எனில் (இங்கு V என்பது x -ஆல் ஆன ஏதேனும் ஒரு சார்பு (V is any function of x) எனக் கொள்க.

$$\frac{dy}{dx} = \frac{d(cV)}{dx} = c\frac{d(V)}{dx}$$

எடுத்துக்காட்டு:

$$y = 5x^3 \ [\text{இங்கு } c = 5, \ V = x^3]$$

$$\frac{dy}{dx} = c\frac{d(V)}{dx}$$

$$= 5\frac{d(x^3)}{dx}$$

$$= 5\left(3x^{3-1}\right)$$

$$\frac{dy}{dx} = 15x^2$$

6. $y = u + v + w$ என்ற வடிவில் இருந்தால்

$$\frac{dy}{dx} = \frac{d(u+v+w)}{dx} = \frac{du}{dx} + \frac{dv}{dx} + \frac{dw}{dx}$$

எடுத்துக்காட்டு:

$$y = x^3 + 2x^2 + 3x, \ \text{இங்கு} \left[u = x^3, \ v = 2x^2, \ w = 3x\right]$$

$$\frac{dy}{dx} = 3x^2 + 4x + 3$$

(ஒவ்வொரு உறுப்புகளையும் தனித்தனியாக வகையிட (differentiation) வேண்டும்.)

7. $y = u.v$ (u மற்றும் v என்பவை x -ஆல் ஆன சார்புகள் ஆகும். (u and v are functions of x))

இங்கு இரு சார்புகளின் பெருக்கற்பலனை (multiplication of two functions) வகையீடு (differentiate) செய்யும் போது முதலில் ஒரு சார்பை (u) மாறிலியாக (constant) வைத்துக் கொண்டு மற்றொரு சார்பை (v) வகையிட (differentiate) வேண்டும். பின்பு மற்றொரு சார்பை (v) மாறிலியாக (constant) வைத்துக் கொண்டு முதல் சார்பை (u) வகையிட வேண்டும்.

$$\frac{dy}{dx} = \frac{d(uv)}{dx} = u\frac{dv}{dx} + v\frac{du}{dx}$$

or

$$\frac{dy}{dx} = \frac{d(uv)}{dx} = uv' + vu'$$

$$\left(\text{இங்கு } \frac{du}{dx} = u' \text{ மற்றும் } \frac{dv}{dx} = v' \right)$$

எடுத்துக்காட்டு:

$$y = x^2(1-x)$$

இங்கு $u = x^2$, $v = 1-x$

$$\frac{du}{dx} = 2x, \quad \frac{dv}{dx} = -1$$

$$\frac{dy}{dx} = x^2(-1) + (1-x)(2x)$$

$$\frac{dy}{dx} = -x^2 + 2x - 2x^2$$

$$\frac{dy}{dx} = 2x - 3x^2$$

8. $y = x^n$, $\qquad \dfrac{dy}{dx} = nx^{n-1}$

9. $y = V^n$ இங்கு V என்பது x ஆல் ஆன சார்பு. (V is any function of x)

$$\frac{dy}{dx} = \frac{d(V^n)}{dx} = nV^{n-1}\frac{dV}{dx}$$

எடுத்துக்காட்டு :

$$y = (x^3 - 2x^2)^4$$

இங்கு, $V = x^3 - 2x^2$ மற்றும் $y = V^4$

$$\therefore \frac{dy}{dx} = 4V^{4-1}\frac{dV}{dx}$$

$$\frac{dV}{dx} = 3x^2 - 4x$$

$$\frac{dy}{dx} = 4V^3(3x^2 - 4x)$$

$$\frac{dy}{dx} = 4(x^3 - 2x^2)^3(3x^2 - 4x)$$

10. $y = f(v)$ மற்றும் $v = f(x)$

y என்பது v -ஆல் ஆன சார்பு மற்றும் v என்பது x -ஆல் ஆன சார்பு ஆகும் (y is function of v and v is function of x).

இங்கு y ஆனது v-ஐப் பொறுத்து மாறுகிறது. v ஆனது x-ஐப் பொறுத்து மாறுகிறது. எனவே y-ஐ v-ஐப் பொருத்து வகையிட்ட பின்பு v-ஐ x-ஐப் பொறுத்து வகையிட வேண்டும்.

$$\frac{dy}{dx} = \frac{dy}{dv} \cdot \frac{dv}{dx} \quad (\text{சங்கிலி விதி-Chain rule})$$

எடுத்துக்காட்டு:

$$y = v^2 - 2, \quad v = x^2$$

$$\frac{dy}{dx} = \frac{dy}{dv} \cdot \frac{dv}{dx}$$

$$\frac{dy}{dv} = \left(2v^{2-1} - 0\right)$$

$$\frac{dv}{dx} = (2x)$$

$$\frac{dy}{dx} = 2v(2x)$$

$$\frac{dy}{dx} = 2\left(x^2\right)(2x)$$

$$\frac{dy}{dx} = 4x^3$$

மேற்குறிப்பிட்ட முறைகளை நினைவில் வைத்துக் கொள்வதன் மூலம் நம்மால் வகையீட்டை மிக எளிதாகவும் வேகமாகவும் செய்ய இயலும்.

இப்போது நம்மால் ஒரு சார்பின் பொதுவான சாய்வை (slope) அல்லது வகையீட்டை (derivative) கண்டறிய முடியும். அதைக் கொஞ்சம் பயிற்சி செய்து பார்க்கலாம்.

எடுத்துக்காட்டு 1:

கொடுக்கப்பட்ட சார்பு $y = x^3$ –ல் $x = 5$ என்ற புள்ளியில் சாய்வு என்ன என்பதைக் காண்க.

தீர்வு:

நமக்குத் தெரியும், $y = x^3$ என்ற சார்பானது $y = x^n$ *என்ற* வடிவில் உள்ளது.

$$\text{இதன் சாய்வு, } \frac{dy}{dx} = nx^{n-1}$$

$$y = x^3 - \text{க்கு, } \frac{dy}{dx} = 3x^{3-1}$$

$$\frac{dy}{dx} = 3x^2$$

$x = 5$ என்ற புள்ளியில்,

$$\left(\frac{dy}{dx}\right)_{x=5} = 3(5)^2$$

$$= 3(25)$$

$$\left(\frac{dy}{dx}\right)_{x=5} = 75$$

$\therefore$ $x = 5$ என்ற புள்ளியில் $y = x^3$ என்ற சார்பின் சாய்வு 75 ஆகும்.

இந்த விடையை $y = x^3$ என்ற சார்பிற்கு வரைபடம் வரைந்து முன்பு முந்தையப் பகுதியில் கொடுக்கப்பட்டுள்ளவாறு சாய்வு கண்டறிந்து சரிபார்க்கலாம். அதாவது,

$$\text{சாய்வு (slope)} \frac{dy}{dx} = \lim_{\Delta x \to 0} \frac{\Delta y}{\Delta x}$$

எடுத்துக்காட்டு 2:

$y = (a^2 - x^2)^{1/2}$ என்ற சார்பிற்கு $\dfrac{dy}{dx}$ காண்க.

தீர்வு:

கொடுக்கப்பட்டுள்ள சார்பானது $y = V^n$ என்ற வடிவில் உள்ளது. இங்கு,

$$V = a^2 - x^2$$

இதன் சாய்வு,

$$\frac{dy}{dx} = nV^{n-1} \frac{dV}{dx}$$

$$\frac{dV}{dx} = -2x$$

$$\frac{dy}{dx} = \frac{1}{2}(V^{\frac{1}{2}-1})(-2x)$$

$$= -x\left(V^{-\frac{1}{2}}\right)$$

$$= -x\left(a^2 - x^2\right)^{-\frac{1}{2}}$$

$$= \frac{-x}{\left(a^2 - x^2\right)^{\frac{1}{2}}}$$

$$\frac{dy}{dx} = \frac{-x}{\sqrt{(a^2 - x^2)}}$$

எடுத்துக்காட்டு 3:

$y = x^2$ என்ற சார்பில் (function) எந்த ஆயத்தொலைவுகளில் (co-ordinate axes (x,y)) சாய்வு (slope) 5 எனக் கிடைக்கும்?

தீர்வு:

இங்கு $\frac{dy}{dx} = 2x$, இது $y = x^2$ என்ற சார்பின் (function) பொதுவான சாய்வாகும் (slope).

இங்குக் கொடுக்கப்பட்டுள்ள சாய்வு (slope) 5 ஆகும்.

இந்தச் சாய்வு (slope) கிடைக்கும் ஆயத்தொலைவுகளைக் (co-ordinate axes) x_1, y_1 என எடுத்துக் கொண்டால்,

$$\left[\frac{dy}{dx}\right]_{(x_1, y_1)} = 5$$

$\frac{dy}{dx} = 2x$ என்ற சமன்பாட்டில் x க்கு பதிலாக x_1 எனப் பிரதியிட,

இப்போது, $2x_1 = 5$, $x_1 = \dfrac{5}{2}$

நமக்குத் தெரியும், $y = x^2$

$$y_1 = \left[\frac{5}{2}\right]^2 = \frac{25}{4}$$

எனவே $y = x^2$ என்ற சார்பில் $\left(\frac{5}{2}, \frac{25}{4}\right)$ என்ற புள்ளியில் சாய்வு (slope) 5 ஆகும்.

(இதை முந்தையப் பகுதியில் சொல்லப்பட்டுள்ளது போல் வரைபடம் வரைந்து சரிபார்த்துக் கொள்ளலாம்)

எடுத்துக்காட்டு 4:

கொடுக்கப்பட்டுள்ள வட்டம் (Circle) $x^2 + y^2 = 4$-ல் எந்த ஆயத்தொலைவிற்கு (co-ordinate axes) சாய்வு (slope) 1 ஆக இருக்கும்?

தீர்வு:

வட்டத்தின் சமன்பாடு (equation of circle), $x^2 + y^2 = 4$

சாய்வு $\frac{dy}{dx}$-ஐக் கண்டறிய வட்டத்தின் சமன்பாட்டை $y = f(x)$ என்ற வடிவில் மாற்றிக் கொள்க. ஏனென்றால் சமன்பாட்டின் இடது புறத்தில் நமக்கு y ஆனது படி ஒன்று என (power of y should be one) உள்ளவாறு அமைய வேண்டும்.

இப்போது மேற்கண்டச் சமன்பாட்டை வகைப்படுத்துவதன் (differentiate) மூலம் வட்டத்தின் (Circle) பொதுவான சாய்வினைக் (slope) கண்டறிய முடியும்.

$$y^2 = 4 - x^2$$

$$y = \pm \left(4 - x^2\right)^{\frac{1}{2}}$$

(ஒரு எண்ணிற்கு வர்க்க மூலம் (square root) எடுக்கும்போது $\pm$ என்ற குறியீட்டை அந்த எண்ணிற்கு முன்னால் பயன்படுத்த வேண்டும்.)

$$\frac{dy}{dx} = \pm \left[\frac{1}{2}(4 - x^2)^{\frac{1}{2} - 1}(0 - 2x)\right]$$

(இந்தப் பகுதியை விட்டு விட்டால் விடை தவறாகி விடும். மேற்கண்டச் சார்பானது $y = V^n$ என்ற வடிவத்தில் உள்ளது)

(இங்கு $V = 4 - x^2$ & $n = \frac{1}{2}$)

இப்போது தேவையான ஆயத்தொலைவுகளைக் (co-oridnate axes) கண்டறியச் சாய்வு 1 என மேற்குறிப்பிட்டுள்ள சமன்பாட்டில் பிரதியிட,

$$1 = \frac{dy}{dx}$$

$$1 = \pm\left[\frac{1}{2}\left(4 - x^2\right)^{\frac{1}{2}-1}(-2x)\right]$$

$$1 = \pm\left[\left(4 - x^2\right)^{\frac{-1}{2}}(-x)\right]$$

$$1 = \pm\left[\frac{-x}{\left(4 - x^2\right)^{\frac{1}{2}}}\right]$$

இப்போது இருபுறமும் வர்க்கப்படுத்த (square on both side),

$$1 = \frac{x^2}{4 - x^2}$$

(வர்க்கப்படுத்தும் போது ± என்ற குறியீட்டை எடுத்து விடலாம்)

$$4 - x^2 = x^2$$

$$2x^2 = 4$$

$$x \quad 2$$

$$x = \pm\sqrt{2}$$

$$x \cong \pm 1.414$$

இப்போது y -யின் மதிப்பைக் கண்டறிய $x^2 = 2$ என்று நாம் கண்டறிந்ததை $x^2 + y^2 = 4$ என்ற சமன்பாட்டில் பிரதியிட வேண்டும்.

$$2 + y^2 = 4 \Rightarrow y^2 = 4 - 2$$

$$y^2 = 2$$

$y = \pm\sqrt{2}$ அல்லது $y \cong \pm 1.414$

$\therefore \left(\sqrt{2}, \sqrt{2}\right)$ மற்றும் $\left(-\sqrt{2}, -\sqrt{2}\right)$ ஆகிய புள்ளிகளில்

$x^2 + y^2 = 4$ என்ற வட்டத்திற்கு வரையப்படும் தொடுகோட்டின் சாய்வு 1 என இருக்கும்.

இதைப் பின்வரும் படத்தின் மூலமும் சரிபார்க்கலாம்.

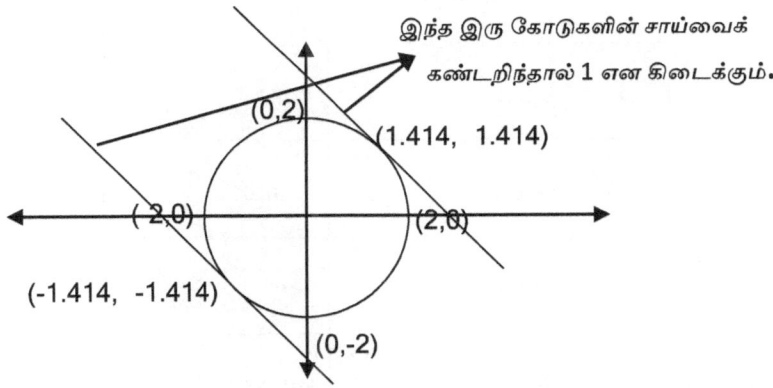

படம் 3.1: $x^2 + y^2 = 4$ என்ற சார்பின் வரைபடம்

படம் 3.1-லிருந்து $x = \pm 1.414 = \pm\sqrt{2}$ ல் வரையப்படும் இரு தொடுகோடுகளும் இணையாக உள்ளன என்றும் அவற்றின் சாய்வு "1" என்பதும் தெளிவாகிறது.

இந்த உதாரணத்திலிருந்து சார்பின் சாய்வானது (slope of function) $\frac{dy}{dx}$ எனத் தெளிவாகத் தெரிந்து கொள்ளலாம். இதற்கு மேலும் உதாரணங்கள் தேவையில்லை.

இப்போது நீங்களே சார்பை எடுத்துக் கொண்டு அதன் சாய்வை $\frac{dy}{dx}$ மூலமாகவும் வரைபடத்தின் மூலமாகவும் வெவ்வேறு புள்ளிகளில் அளந்து சரி பார்த்துக் கொள்ளலாம்.

$y = x^n$ என்ற சார்பிற்கு (funtion) $\frac{dy}{dx}$ -ஐக் கண்டறியக் குறுக்கு வழி அல்லது சூத்திரம் (short cut or formula) $\frac{dy}{dx} = nx^{n-1}$ என்று பார்த்தோம்.

இதே போல் மற்ற சார்புகளுக்கு உண்டான சூத்திரம் (formula) பின்வரும் அட்டவணையில் கொடுக்கப்பட்டுள்ளது. இந்தச் சூத்திரங்கள் அனைத்தும் $\frac{dy}{dx} = \lim_{\Delta x \to 0} \frac{\Delta y}{\Delta x}$ என்ற அடிப்படைக் கொள்கை மூலமே வருவிக்கப்பட்டுள்ளன (derived).

S.No	function $= f(x)$	$\frac{dy}{dx}$
1	$\sin x$	$\cos x$
2.	$\cos x$	$-\sin x$
3.	$\tan x$	$\sec^2 x$
4.	$\cot x$	$-\mathrm{cosec}^2 x$
5.	$\sec x$	$\sec x \tan x$
6.	$\mathrm{cosec}\, x$	$-\mathrm{cosec}\, x \cot x$
7.	e^x	e^x
8.	$\log_e x$	$\frac{1}{x}$

9.	$\log_a x$	$\dfrac{\log_a e}{x}$
10.	$\sin^{-1} x$	$\dfrac{1}{\sqrt{1-x^2}}$
11.	$\cos^{-1} x$	$\dfrac{-1}{\sqrt{1-x^2}}$
12.	$\tan^{-1} x$	$\dfrac{1}{1+x^2}$
13.	$\cot^{-1} x$	$\dfrac{-1}{1+x^2}$
14.	$\sec^{-1} x$	$\dfrac{1}{x\sqrt{x^2-1}}$
15.	$\mathrm{cosec}^{-1} x$	$\dfrac{-1}{x\sqrt{x^2-1}}$

அட்டவணை 3.1: பல்வேறு சார்புகளுக்கான வகையீட்டின் சூத்திரங்கள் (formulas for derivatives of different functions)

04

சாய்வின் (வகையிடுதலின்) மூலமாக ஒரு சார்பின் பெரும மற்றும் சிறும மதிப்பைக் கண்டறிதல் [Finding the Maximum and Minimum Value of a Function Using Slope (differentiation) of That Function]

இப்போது நமக்கு ஒரு சார்பின் சாய்வைக் (slope) கண்டறிவது எளிது. ஆனால் நமக்குள் ஒரு கேள்வி எழலாம். சாய்வு (slope) ”0” அதாவது பூஜ்ஜியம் (zero) ஆகும் போது என்ன நடக்கும்? உதாரணமாக, $y = x^2$ என்ற சார்பின் சாய்வு, $\frac{dy}{dx} = 2x$ ஆகும்.

இப்போது சாய்வானது எந்த இடத்தில் பூஜ்ஜியமாகிறது என்பதைக் கண்டறிய $\frac{dy}{dx}$ – க்குப் பதிலாக “0” வைப் பிரதியிட்டால் போதும்.

$$\frac{dy}{dx} = 2x = 0$$

$$x = 0_.$$

$$\therefore y = 0^2 = 0$$

$\therefore (0,0)$ என்ற புள்ளியில் சாய்வு (slope) பூஜ்ஜியமாகிறது. படம் 4.1 ஆனது இதை உண்மையாக்குகிறது.

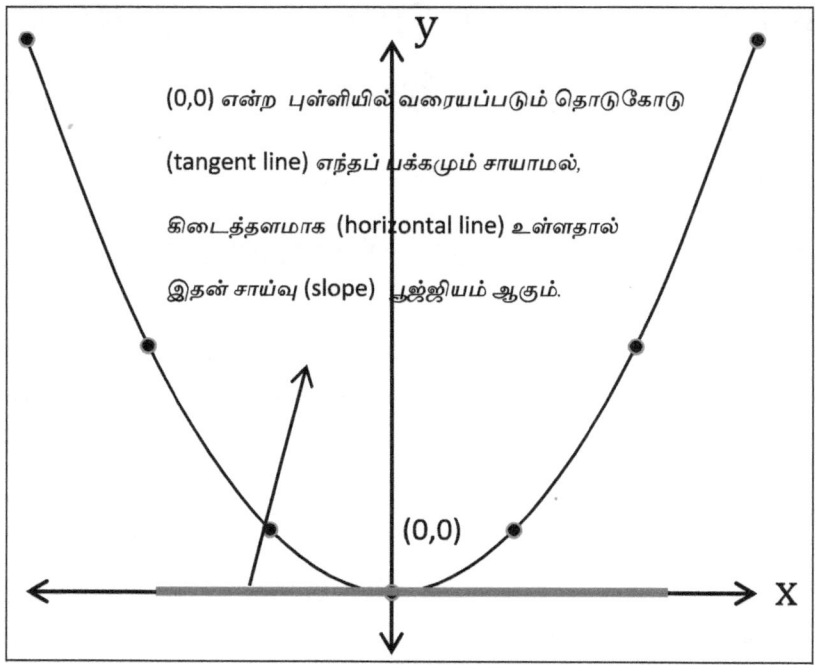

படம் 4.1: $y = x^2$ என்ற வளைவரையில் $x = 0$ என்ற புள்ளியில் சாய்விற்கான விளக்கம்.

மேலும் $y = x^2$ என்ற சார்பின் மிகவும் சிறுமப் புள்ளியான (lowest point) x = 0 -இல் நமக்குப் பூஜ்ஜியச் சாய்வு (zero slope) கிடைக்கிறது.

இதைப் போல் $y = x^3 - 6x^2 + 9x$ என்ற சார்பை (function) சோதித்துப் பார்ப்போம். (படம் 4.2)

இப்போது $y = x^3 - 6x^2 + 9x$ என்ற சார்பிற்கு,

$$\frac{dy}{dx} = 3x^2 - 12x + 9$$

சாய்வு, $\frac{dy}{dx} = 0$ எனப் பிரதியிட,

$$3x^2 - 12x + 9 = 0$$

3 ஆல் வகுக்க (Divide by 3),

$$x^2 - 4x + 3 = 0$$

$$(x-1)(x-3) = 0$$

(காரணிப்படுத்துதல்-factorizing)

$$x = 1, \quad x = 3$$

இங்கு நாம், $x = 1$ மற்றும் $x = 3$ -இல் சாய்வு (slope) பூஜ்ஜியம் (zero) எனக் கண்டறிந்துள்ளோம். படம் 4.2 -ஐப் பார்க்கும் போது இது நமக்கு விளங்கும்.

$y = x^2$ என்ற சார்பைப் போல் அல்லாமல் இங்குப் பல இடங்களில் சாய்வு பூஜ்ஜியமாகிறது. அவையெல்லாம் பெருமப் புள்ளியாகவோ (maximum point) அல்லது சிறுமப் புள்ளியாகவோ (minimum point) அமைய வேண்டிய அவசியம் இல்லை.

x	0	1	2	3	4
$y = x^3 - 6x^2 + 9x$	0	4	2	0	4

அட்டவணை 4.1: $y = x^3 - 6x^2 + 9x$ என்ற சார்பிற்கான வெவ்வேறு x மற்றும் y மதிப்புகள்

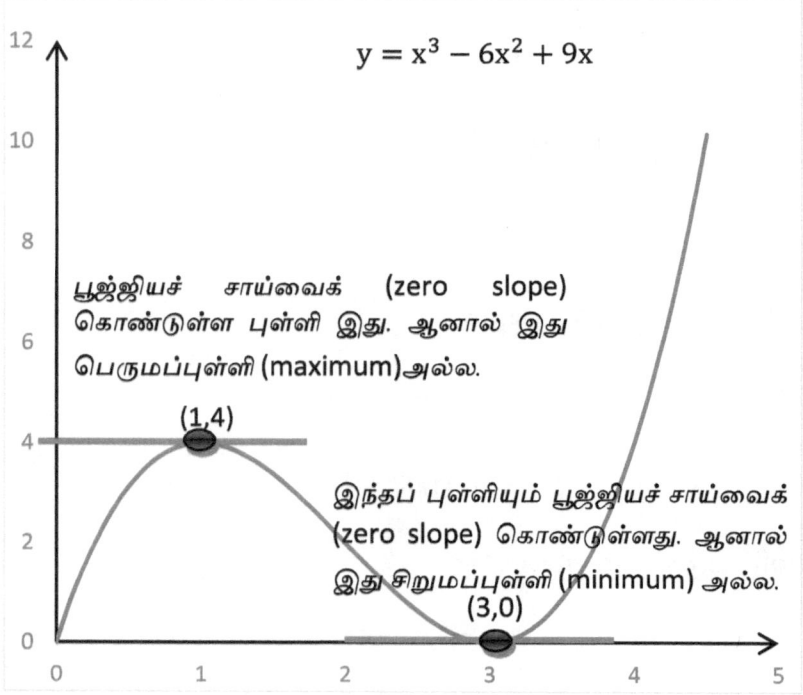

படம் 4.2: y=x³-6x²+9x என்ற சார்பிற்கான வரைபடம்

எனவே இந்த வளைவரை x = 1 மற்றும் x = 3 ஆகிய புள்ளிகளில் பூஜ்ஜியச் சாய்வை (zero slope) பெற்றிருந்தாலும் வளைவரையை இந்த இரு புள்ளிகளைக் காட்டிலும் மேலும் கீழும் நம்மால் நீட்டிக்க முடியும். அதாவது இந்த இரு புள்ளிகளும் பெருமப் புள்ளியும் (maximum point) அல்ல, சிறுமப் புள்ளியும் (minimum point) அல்ல.

இந்தப் புள்ளிகள் ஒரு குறிப்பிட்ட இடைவெளிகளில் மட்டும் பெருமமாகவோ (maximum) அல்லது சிறுமமாகவோ (minimum) இருக்கலாம். உதாரணத்திற்கு மேற்கூறப்பட்டுள்ள வளைவரையில் (curve) (0, 3.5) என்ற இடைவெளியில் x = 1 என்ற புள்ளி பெருமமாகவும் (maximum) x = 3 என்ற புள்ளி சிறுமமாகவும் (minimum) உள்ளது.

4.1 சாய்வு கண்டறிதல் அல்லது வகையிடுதல் (slope finding or differentiation) பயன்படும் நடைமுறைக் கணக்குகள்:

இங்கு நாம் ஒரு சில நடைமுறைக் கணக்குகளை (day to day applications) எவ்வாறு சார்புகளாகவும் (functions), வளைவரைகளாகவும் (curve) பிரதிபலிப்பது என்றும் அதிலிருந்து பூஜ்ஜியச் சாய்வை (slope as zero) எவ்வாறு பயன்படுத்துவது என்றும் பார்க்கலாம். இந்த முறை புரிந்து விட்டால் நமக்கு வளைவரையும் (curve) தேவையில்லை. வெறும் சார்பும் (functions) சாய்வு கண்டறிதலுமே (slope finding or differentiation) போதுமானது .

எடுத்துக்காட்டு:

இரண்டு மிகை முழு எண்களின் (positive integers) கூடுதல் பத்து எனில் அவற்றின் பெருக்கற்பலனின் (product) பெரும மதிப்பு (maximum) என்ன?

தீர்வு:

இப்போது ஒரு எண்ணை "x" என்றும் மற்றொரு எண்ணை "y" என்றும் எடுத்துக் கொள்வோம்.

கணக்கிலிருந்து,

$$x + y = 10 \quad -------- \quad (1)$$

இப்போது நாம் இரு எண்களின் பெருக்கற்பலனின் (Product) பெரும மதிப்பைக் (maximum value) கண்டறிய வேண்டும்.

இரு எண்களின் பெருக்கற்பலனை $P = x*y$ எனக் கொள்க,

(1) -லிருந்து, $y = 10 - x$

$$\therefore P = x*(10 - x)$$

$$P = 10x - x^2$$

இப்போது நாம் "P" -யின் பெரும மதிப்பைக் (maximum) கண்டறிய வேண்டும். எனவே "P" -யை "x" -ஐப் பொருத்து வகையிட (differentiate 'P' with respect to x),

$$\frac{dP}{dx} = 10 - 2x$$

இதுதான் "P"-யின் பொதுவான சாய்வு (slope) ஆகும்.
P -யின் பெரும மதிப்பைக் (maximum value) கண்டறியச் சாய்வு

$(slope) \dfrac{dP}{dx} = 0$ எனக் கொள்ள வேண்டும்.

$$\therefore \quad \frac{dP}{dx} = 10 - 2x = 0$$

$$2x = 10$$

ஒரு எண் $x = 5$

(1) -லிருந்து, மற்றொரு எண், $y = 10 - x$

$$= 10 - 5$$

$\therefore y = 5$

இவற்றின் பெருக்கற்பலன் (product), $P = x*y$

$$= 5*5$$

$$P = 25$$

பெருக்கற்பலனின் (product) பெரும (maximum value) மதிப்பு 25 ஆகும். இப்போது இந்தக் கணக்கை வளைவரையாக (curve) வரைவோம்.

ஒரு எண் "x"	0	1	2	3	4	5	6	7	8	9	10
மற்றொரு எண் y = 10 − x	10	9	8	7	6	5	4	3	2	1	0
பெருக்கற்பலன் (Product) P	0	9	16	21	24	25	24	21	16	9	0

அட்டவணை 4.2: நாம் எடுத்துக்கொண்ட இரண்டு எண்கள் மற்றும் அவற்றின் பெருக்கற்பலனின் மதிப்புகள்

வளைவரையின் (curve) வரைபடம் (graph) வரையும் போது $\frac{dP}{dx}$ -ல் உள்ள தொகுதி (numerator) "P" ஆனது செங்குத்து அச்சாகவும் (vertical y-axis) பகுதி (denominator) "X" ஆனது கிடைத்தள அச்சாகவும் (horizontal x- axis) எடுத்துக் கொள்ளப்பட வேண்டும்.

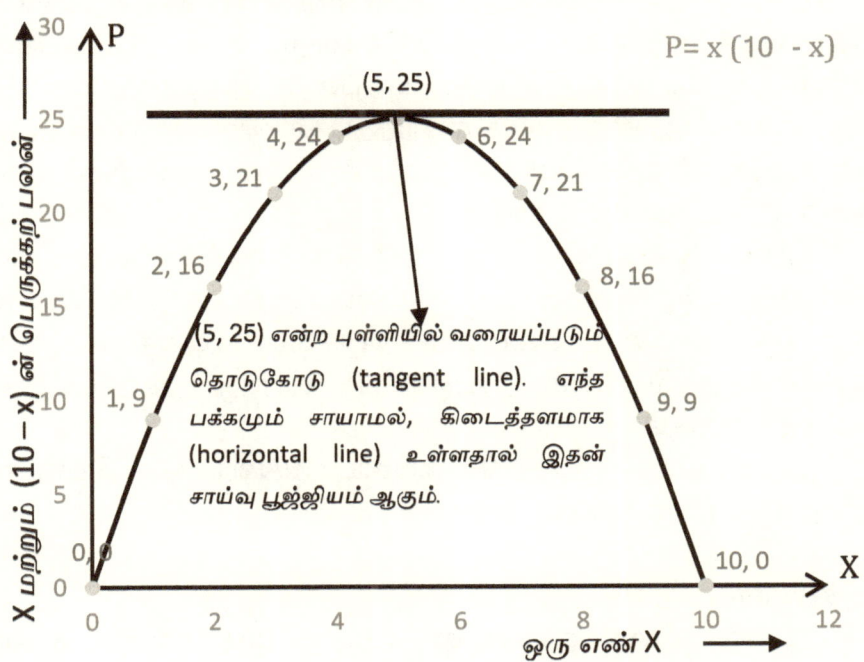

படம் 4.3: x மற்றும் "P"-க்கு இடையேயான வரைபடம் (graph); $P = 10x - x^2$

(இங்கு "x" என்பது ஒரு எண் மற்றும் $y = 10 - x$ என்பது மற்றொரு எண். "P" என்பது இவை இரண்டின் பெருக்கற்பலன் (product). வகையீட்டிலிருந்து (differentiation) நாம் கண்டறிந்தப் பெரும மதிப்பு $P = 25$ ஆனது $x = 5$ – இல் அமைகிறது. இதை நாம் $P = 10x - x^2$ – ன் வரைபடத்தின் மூலம் உறுதிப்படுத்திக் கொள்ளலாம் அதாவது $x = 5$ – ல் வளைவரைக்கு வரையப்படும் தொடுகோட்டின் (tangent line) சாய்வு (slope) சுழி (அ) பூஜ்ஜியம் ஆகும்.)

மேலும் இந்தக் கணக்கைத் தீர்ப்பதற்கு நாம் சாய்வைக் கண்டறிய வேண்டிய அவசியம் இல்லைதான். இதை நாம் "முயற்சி பிழை" (trial & error) முறையின் மூலமாகவும் கண்டறியலாம். அதாவது 0-லிருந்து 10 வரை ஏதேனும் இரு எண்களை அவற்றின் கூடுதல் 10 என இருக்குமாறு எடுத்துக்கொண்டு அதன் பெருக்கற்பலனை அறிய வேண்டும். அதிலிருந்து பெரும மதிப்பைத் தெரிந்து கொள்ளலாம்.

இதுபோல் உள்ள எளிய கணக்குகளில் மேலோட்டமாகப் பார்த்தால் சாய்வு கண்டறிதல் (slope finding or finding derivative) முறையானது பயனற்றது எனத் தோன்றும். நாம் அட்டவணை 4.2-இன் மூலமாகவே பெரும மதிப்பை எளிதாகத் தெரிந்து கொள்ளலாம். ஆனால் நாம் கண்டறிந்தப் பெரும மதிப்பு சரி தானா என உறுதிப்படுத்திக் கொள்ள நமக்குச் சாய்வு கண்டறிதல் (slope finding) முறை அவசியமாகிறது.

இந்த முறையைப் பயன்படுத்தவில்லையென்றால் நாம் கண்டறிந்த முழு எண் (integers) மதிப்பை உறுதிப்படுத்திக் கொள்ள முழு எண் அல்லாத எண்களான (4.95*5.1) அல்லது (4.95*5.05) ஆகியவற்றையும் நாம் பெருக்கிப் பார்த்து உறுதிப்படுத்த வேண்டியிருக்கும்.

இந்தச் செயல் நமது வேலையை அதிகரிக்கும். இப்போது மற்றொரு உதாரணத்தைப் பார்க்கலாம்.

எடுத்துக்காட்டு:
மூன்று மிகை எண்களின் கூடுதல் 100 மற்றும் மூன்று எண்களில் ஒரு எண் மற்றொரு எண்ணின் இரு மடங்கு (twice)

எனில் அம்மூன்று எண்ணின் பெருக்கற்பலன் (product) பெருமமாக (maximum) உள்ளவாறு மூன்று எண்களையும் கண்டறிக.

தீர்வு:

முந்தையக் கணக்குடன் ஒப்பிடும் போது இது கொஞ்சம் சிக்கலானது. எனவே முயற்சி-பிழை முறையைப் (trial and error method) பயன்படுத்துவதன் மூலம் விடையைக் கண்டறிய முடிந்தாலும் அது மிகவும் கடினமாகும். இப்போது இந்தக் கணக்கை சாய்வு (அ) வகையீடு கண்டறிதல் (slope or derivative finding) முறையைப் பயன்படுத்தி எளிதில் தீர்க்கலாம்.

மூன்று எண்களில் ஒரு எண்ணைக் x எனக் கொள்க. மேலும் மற்றொரு எண் 2x ஆகும். [ஏனென்றால் ஒரு எண் மற்றொரு எண்ணைப் போல் இருமடங்கு ஆகும்]

நமக்குத் தெரியும் மூன்று எண்களின் கூடுதல் $=100$

$$\therefore\ x+2x+ \text{மூன்றாவது எண்} = 100$$

$$\text{மூன்றாவது எண்} = 100 - x - 2x$$

$$\Rightarrow \text{மூன்றாவது எண்} = 100 - 3x$$

இப்போது அவற்றின் பெருக்கற்பலனின் பெரும (maximum) மதிப்பைக் கண்டறிய வேண்டும்.

மூன்று எண்களின் பெருக்கற்பலன், (product of three numbers)

$$P=x*2x*(100-3x)$$

$$P = 200x^2 - 6x^3$$

இப்போது P -யின் பெரும அல்லது சிறும மதிப்புகளுக்கு (maximum or minimum values) $\frac{dP}{dx} = 0$ ஆகும்

$$\frac{dP}{dx} = 200(2x) - 6(3x^2) = 0$$

$$400x - 18x^2 = 0$$

$$2x(200 - 9x) = 0$$

$$\therefore 2x = 0, \quad \text{or} \quad 200 - 9x = 0$$

$$x = 0 \quad \text{or} \quad x = \frac{200}{9}$$

$x = 0$ எனில், $P = 0$ ஆகும்.

$$x = \frac{200}{9} = 22.222 \text{ எனில்,}$$

மற்றொரு எண் $= 2x = 44.444$

மூன்றாவது எண் $= 100 - 3x = 100 - 66.666 = 33.3333$

இவற்றின் பெருக்கற்பலன், $P = 32,922$ (தோராயமாக)

இதுதான் மேற்குறிப்பிட்ட கணக்கில் வரும் பெருக்கற்பலனின் பெரும மதிப்பாகும் (maximum value of products of three numbers).

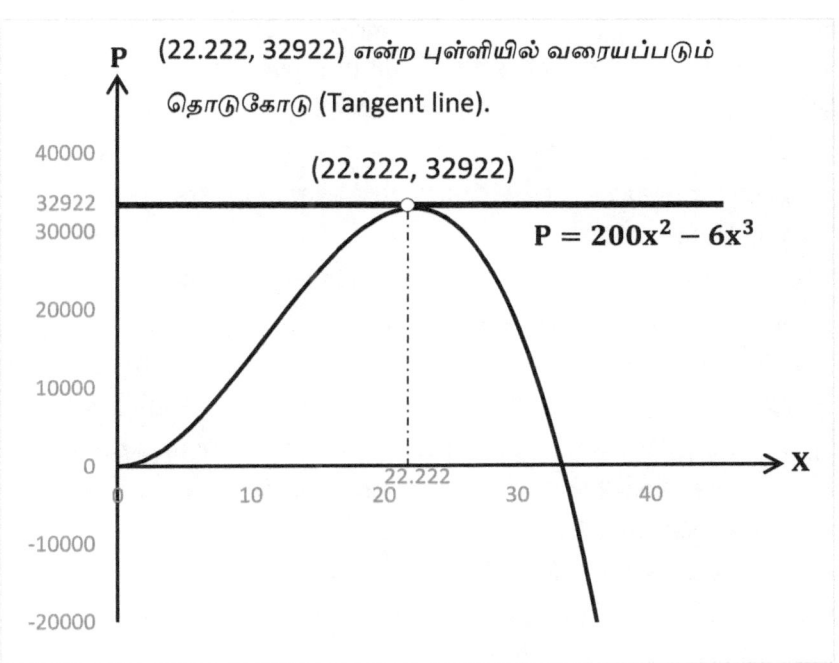

படம் 4.4: x மற்றும் "P"-க்கு இடையேயான வரைபடம்; $P = 200x^2 - 6x^3$

(இங்கு "x" என்பது ஒரு எண். "P" என்பது பெருக்கற்பலன் (product). வகையீட்டிலிருந்து (differentiation) நாம் கண்டறிந்தப் பெரும மதிப்பு $P = 32,922$ ஆனது $x = 22.222$ –இல் அமைகிறது. $x = 22.222$ (தோராயமாக) எனில் $2x = 44.444$ மற்றும் $100 - 3x = 33.333$. மேலும் இவற்றின் பெருக்கற்பலன் (product) 32,922; இதை நாம் $P = 200x^2 - 6x^3$ –ன் வரைபடத்தின் மூலம் உறுதிப்படுத்திக் கொள்ளலாம். அதாவது $x = 22.222$ –இல் வளைவரைக்கு வரையப்படும் தொடுகோட்டின் (tangent line) சாய்வு (slope) சுழி (அ) பூஜ்ஜியம் ஆகும்.)

நினைவில் கொள்க, சாய்வு (slope) பூஜ்ஜியமாக இருக்கும் இடம் அனைத்தும் பெரும மதிப்பாகவோ அல்லது சிறும மதிப்பாகவோ இருக்க வேண்டிய அவசியமில்லை. ஆனால் பெரும மதிப்பிலும் சிறும மதிப்பிலும் சாய்வு கண்டிப்பாகப் பூஜ்ஜியமாக இருக்கும்.

$P = 200x^2 - 6x^3$ என்ற சார்பிற்கு வளைவரை (curve) வரைந்தால் $x = 0$ மற்றும் $x = 22.222$ என்ற புள்ளிகளில் சாய்வு பூஜ்ஜியமாகிறது என்பது

தெரிய வருகிறது. இவ்விரு புள்ளிகளையும் தவிர மற்ற புள்ளிகளில் P -யின் மதிப்பு குறை எண்ணாகவோ (negative number) அல்லது சிறிய மதிப்பாகவோ உள்ளது. அவையெல்லாம் நமக்குத் தேவையில்லை. மேலும் வளைவரையிலிருந்து வேறு எங்கும் பூஜ்ஜியச் சாய்வு (zero slope) அமைவதில்லை என்பதை நாம் உறுதிப்படுத்திக் கொள்ளலாம்.

இப்போது நம்மால் சாய்வு கண்டறிதல் (slope finding) முறையின் வியக்கத் தக்க பயன்பாடுகளைப் புரிந்து கொள்ள முடிகிறது. ஏனென்றால் இங்கு நமக்குத் தேவையான விடையை முயற்சி பிழை (trial & error) முறையின் மூலம் கண்டறிய இயலும். ஆனால் நாம் மிக மிக அதிகளவிற்குக் கணக்கீடு செய்ய வேண்டிருக்கிறது. மேலும் முயற்சி-பிழை முறையில் நமக்குச் சமன்பாடுகள் (equations) எல்லாம் தேவையில்லை என்பது உண்மைதான். ஆனால் கணக்கைத் தீர்ப்பதற்கு இது சரியான வழியல்ல.

நிச்சயமாகச் சமன்பாடுகள் (equation) இல்லையென்றால் நாம் சாய்வு (அ) வகையீடு கண்டறிதல் முறையைப் (slope or derivative finding) பயன்படுத்த இயலாது. ஒரு கணிணியால் (computer) சமன்பாடுகளைப் (equation) பயன்படுத்தாமல் கணக்கைத் தீர்க்க இயலும். ஆனால் அந்தக் கணிணியால் எல்லா வகையான நுண் கணிதங்களையும் (calculus) செய்ய இயலாது.

இயற்கையின் மொழி தான் உச்ச எல்லையின் மொழி (Language of the Nature is the Language of the Extreme):

ஒரு பொறியியலாளரின் (Engineer) வேலை என்ன?
நியூட்டனுக்கும் தாமஸ் ஆல்வா எடிசனுக்கும் என்ன வேறுபாடு?
நியூட்டன் ஒரு அறிவியல் அறிஞர் (Scientist). சமூகத்துக்கு அவரின் பங்களிப்பு, புதிய புதிய அறிவியல் உண்மைகளை எடுத்துரைத்தது.

ஆனால் எடிசன் அறிவியல் உண்மைகள் எதையும் பெரிதாகக் கண்டறியவில்லை. ஏற்கனவே கண்டுபிடிக்கப்பட்ட அறிவியல் உண்மைகளைப் பயன்படுத்தி வெளிச்சம் தரும் மின்விளக்கையும் பல்வேறு மின் சாதனங்களையும் சமூகத்திற்குப் பயன்படும் வகையில் கண்டறிந்தார். அவர் தான் பொறியியலாளர் (Engineer).

எனவே ஒரு பொறியியலாளரின் (Engineer) வேலை அறிவியல் விதிகளைப் பயன்படுத்தி சமூகத்திற்கு பயன்படும் வகையில் புதுப்புது இயந்திரங்களைக் கண்டுபிடிப்பது.

அவ்வாறு கண்டறியப்படும் இயந்திரங்களின் செயல்திறன் முடிந்தவரை பெருமமாகவும் (Maximum Function) அதற்கான செலவு முடிந்தவரை சிறுமமாகவும் (Minimum Cost) இருக்க வேண்டும். மேலும் அந்த இயந்திரங்கள் மூலம் செய்யப்படும் வேலைகள் முடிந்தவரை குறுகியக் காலத்தில் (Minimum time) செய்து முடிக்கக் கூடியனவாகவும் இருக்க வேண்டும்.

எனவே ஒரு பொறியியலாளன் (Engineer) தெரிந்திருக்க வேண்டிய அடிப்படைக் கணிதமே பெரும மற்றும் சிறும மதிப்புகளைக் (finding maximum and minimum values) கண்டறிவதுதான். அதாவது நுண்கணிதம் (Calculus) என்பதுதான் பொறியியலின் (Engineering) இதயம் போன்ற பகுதி (Heart of Engineering is Calculus) என்றே சொல்லலாம்.

எப்போதுமே சிறும மற்றும் பெரும மதிப்பைக் (maximum and minimum value) கண்டறிவதில் ஒரு தெளிவான அர்த்தம் உள்ளது. அது பின்வருமாறு,

"வேலை செய்வதின் இயற்கை என்பது எப்போதுமே அந்த வேலையை மிக மிக எளிதான முறையில் செய்து முடிக்கவோ அல்லது மிக மிகக் குறைந்த முயற்சியுடன் செய்து முடிக்கவோ தான் தூண்டுகிறது."

- Mathematics , by David Bergami,
Time life books.

இந்த உண்மையைப் புரிந்து கொள்வது எல்லா வகையான அறிவியல் மற்றும் பொறியியல் சார்ந்த கணக்குகளைத் தீர்க்க பெரிதும் உதவும். மேலும் சிறும மற்றும் பெரும மதிப்புகளைக் (minimum and maximum values) கண்டறியும் கணக்குகள் நமக்கு வெறும் கணித பயிற்சியாக மட்டும் அமைவதோடு இல்லாமல் நடைமுறை வாழ்க்கையிலும் பெரிதும் பயன்படுகிறது.

பரப்பளவு சார்ந்தக் கணக்குகள் (Problems related to Area):

3000 சதுர அடி (square feet) பரப்புடைய (area) செவ்வகத்தைச் (rectangle) சுற்றிலும் வேலியிட வேண்டியுள்ளது. மேலும் செவ்வகத்தின் நடுவில் இன்னொரு வேலியிட்டு அதை பார்க்கவும் வேண்டியுள்ளது. வடக்கு தெற்கு திசையில் போடப்படும் வேலிக்கு (y அச்சு என கொள்க) ஆகும் செலவு ஒரு அடிக்கு ரூ.1 (Rs.1/square feet) ஆகும். மேலும் மேற்கு கிழக்காகப் போடப்படும் வேலிக்கு (x அச்சாகக் கொள்க) ஒரு அடிக்கு ரூ.2 (Rs.2/ square feet) செலவு ஆகும். இப்போது செலவு சிறுமமாக (minimum cost) உள்ளவாறு கிடைக்கும் வேலியின் நீள அகலங்களின் x,y மதிப்புகளை காண்க.

தீர்வு:

நுண்கணிதம் (calculas) அல்லது சாய்வு கண்டறிதலின் (slope finding) எந்த ஒரு கணக்கையும் அதற்குப் பொருத்தமான சமன்பாடாக (equation) அல்லது சார்பாக (function) மாற்றினாலொழிய தீர்க்க (solve) இயலாது .

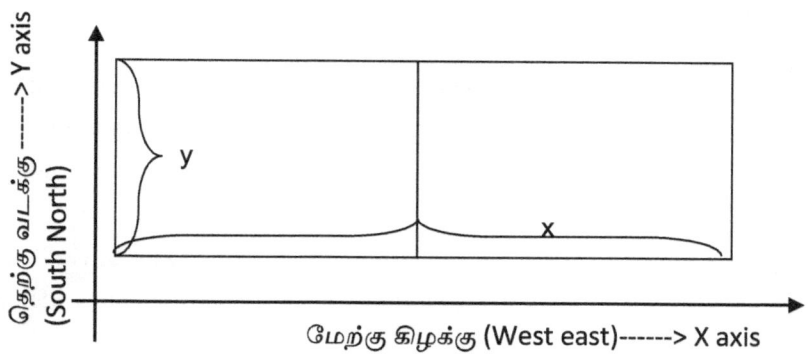

படம் 4.5: வேலியினால் சூழப்பட்ட செவ்வகப்பரப்பு (rectangle)

இப்போது இந்தக் கணக்கிற்கு பொருத்தமான சமன்பாட்டை (equation) கண்டறிவோம், இங்கு நாம் வேலியிடுவதற்கான செலவை (cost) சிறுமப்படுத்த (minimize) வேண்டும்.

எனவே தேவையான செலவு 'C' என்க. மேலும் மேற்கு கிழக்காகப் போடப்படும் வேலியின் நீளத்தை (length) 'x' என்க.

தெற்கு-வடக்காக போடப்படும் வேலியின் அகலத்தை (breadth) 'y' என்க.

செவ்வகத்தின் பரப்பு, $A = x.y$

மற்றும் கணக்கிலிருந்து, $A = 3000$

$$\therefore xy = 3000$$

மொத்த செலவானது வேலியின் நீள அகலங்களை அவற்றிற்கு ஆகும் செலவுகளால் பெருக்குவதன் (multiplication) மூலம் கண்டறியப்படுகிறது.

படத்திலிருந்து செவ்வகத்தில் இரண்டு 'x' பகுதிகள் மற்றும் மூன்று 'y' பகுதிகள் உள்ளன.

எனவே 'x' பகுதிகளுக்கு ஆகும் செலவு $= (x + x)*2 = 4x$

[ஒரு அடிக்கு இரண்டு ரூபாய்]

y பகுதிகளுக்கு ஆகும் செலவு $= (y + y + y)(1) = 3y$

(ஒரு அடிக்கு ஒரு ரூபாய்)

மொத்த செலவு $C = 4x + 3y$

இங்கு 'C' ஆனது x மற்றும் y -ஆல் ஆன சார்பு (function) ஆகும்.

'C'-ஐ வகையிட, அதை முழுக்க x அல்லது முழுவதும் y -ஆல் ஆன சார்பாக எழுத வேண்டும்.

நமக்குத் தெரியும், $\quad xy = 3000$

$$y = \frac{3000}{x}$$

$$C = 4x + 3y = 4x + 3\left(\frac{3000}{x}\right)$$

$$C = 4x + \frac{9000}{x}$$

∴ நமக்குத் தேவையான சமன்பாடு (equation)

$$C = 4x + 9000x^{-1}$$

நாம் செலவு 'C' -யின் சிறும மதிப்பைக் (minimum values) கண்டறிய வேண்டியுள்ளது.

எனவே 'C'யை x -ஐப் பொருத்து வகையிட (differentiate)

$$\frac{dC}{dx} = 4 + 9000(-1)x^{-1-1}$$

$$= 4 - 9000x^{-2}$$

$$\left(y = x^n \text{ எனில், } \frac{dy}{dx} = nx^{n-1} \right)$$

பெரும மற்றும் சிறுமப் புள்ளிகளைக் கண்டறிய (to find maximum or minimum value),

C ன் சாய்வு (slope) $\frac{dc}{dx} = 0$ எனக் கொள்ள வேண்டும்.

$$\therefore 4 - 9000x^{-2} = 0$$

$$9000x^{-2} = 4$$

$$\frac{9000}{x^2} = 4$$

$$x^2 = \frac{9000}{4}$$

$$x^2 = 2250$$

வர்க்க மூலம் (square root) எடுக்க,

$$x = \pm 47.43$$

(x=-47.43 என்பது பொருந்தாது.நீளம் எதிர்க்குறியாக இருக்காது)

x=47.43 அடி

x = 47.43 அடி என்ற நீளம் இருக்குமாறு வேலி போட்டால் செலவு (cost) சிறுமமாக (minimum) இருக்கும்

இப்போது அகலம் y ன் மதிப்பைக் காணலாம்.

நமக்குத் தெரியும், $xy = 3000$

$$y = \frac{3000}{x}$$

$$= \frac{3000}{47.43}$$

$$y = 63.25 \text{ அடி}$$

x மற்றும் y ன் இந்த மதிப்புகள் சிறும செலவை கண்டறியத் தேவைப்படுகின்றன.

சிறுமச் செலவு (minimum cost) $C = 4x + 9000x^{-1}$

$$= 4(47.43) + 9000(47.43)^{-1}$$

$$= 4(47.43) + \frac{9000}{47.43}$$

$$C = 379.47$$

சிறுமச் செலவு (minimum cost) $C = Rs.379.47$ (விடை)

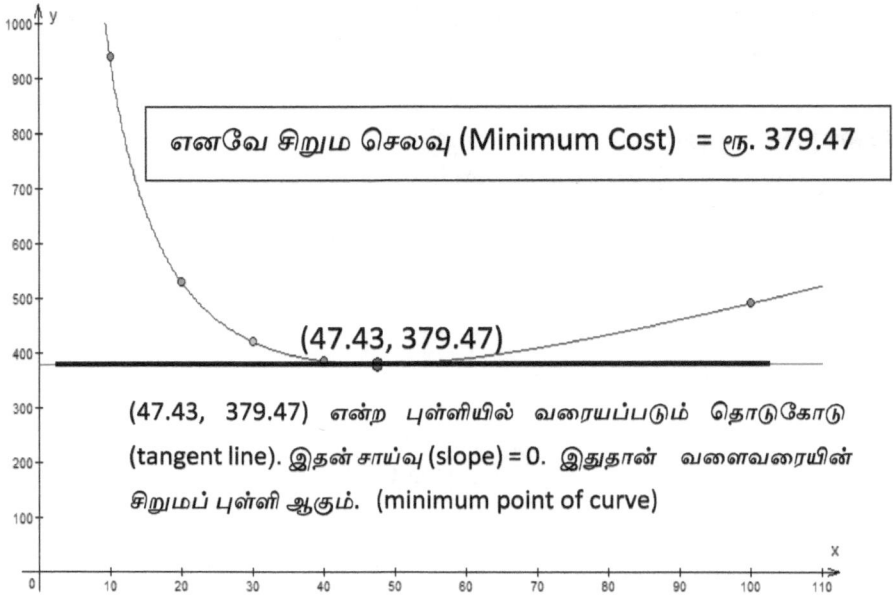

படம் 4.6: $y = 4x + 9000x^{-1}$ என்ற சார்பிற்கான வளைவரை

படம் 4.6 -ல் இருந்து இந்த விடையை உறுதிப்படுத்திக் கொள்ளலாம். வரைபடம் வரைவதன் மூலம் எந்த இடத்தில் பூஜ்ஜியச் சாய்வு கிடைக்கிறது என்பதை அறிந்து கொள்ள முடியும். அதன் மூலம் பெரும சிறும புள்ளிகளை கண்டறிய இயலும்.

ஆனால் வகையீடு (differentiation) முறையானது வரைபடத்தின் தேவையை நீக்கி படம் இல்லாமலேயே பெரும மற்றும் சிறுமப் புள்ளிகளைக் (maximum and minimum points) கண்டறிய உதவுகிறது. அதற்கு நமக்குத் தேவை சூழலைப் பிரதிபலிக்கும் கணித சமன்பாடு அல்லது சார்பு (function or equation that represents the real situation) மட்டுமே ஆகும்.

இந்தப் புத்தகத்தின் கிட்டதட்ட கடைசிப் பகுதியில் சமன்பாடுகள் (equation) எவ்வாறு உருவாகின்றன என்றும் அவை உண்டாவதற்கு கணிணியும் தேவையில்லை, எந்த வரைபடமும் தேவையில்லை என்பதையும், மேலும் சோதனைகளின் (experiment) மூலம் சமன்பாடுகள் (equation) உருவாகும் விதத்தையும் நீங்கள் புரிந்து கொள்ளலாம்.

மேலும் இப்பகுதியில் கூறப்பட்டுள்ள பெரும சிறும மதிப்புகளைக் (maximum and minimum) கண்டறியும் இந்தக் கணக்குகள் முகட்டு மதிப்புக் கணக்குகள் (extreme value problems) எனப்படுகின்றன.

05

நடைமுறைக் கணக்குகள்

உங்களது பயிற்சிக்காகப் பின்வரும் கணக்குகளை இதே முறையில் செய்து பாருங்கள் :

1. ஒரு விவசாயி 60,000 சதுர அடி உள்ள செவ்வக நிலத்திற்கு வேலியிட வேண்டியுள்ளது. அந்த நிலத்தின் ஒரு பகுதியில் ஆறு ஒன்று ஓடுகிறது. நிலத்திற்கு வேலியிட ஆகும் செலவு ஒரு சதுர அடிக்கு ரூ.0.75/- ஆகும். ஆறு ஓடும் பகுதியில் வேலியிட வேண்டியதில்லை. எனவே செலவு சிறுமமாக இருக்க வேண்டுமானால் வேலியின் நீள அகலங்கள் எவ்வாறு இருக்க வேண்டும்? மேலும் வேலியிட ஆகும் அந்தச் சிறும அளவு (minimum cost) என்ன?
2. ஒரு விவசாயி தன்னிடமுள்ள 2,00,000 சதுர அடி கொண்ட செவ்வக நிலத்தை வேலியிட விரும்புகிறார். மேலும் நிலத்தை மூன்று சம பாகங்களாகப் பிரித்து அதற்கும் வேலியிட விரும்புகிறார். எனவே வேலியிட ஆகும் சிறும நீள அகல (minimum length and breadth) அளவுகள் என்ன?
3. ஒரு இரு சமபக்க முக்கோணம் (iso triangle) உள்ளது. அதன் இரு சமபக்கங்களும் 10 அடி நீளத்தில் உள்ளன. இப்போது அந்த முக்கோணத்தின் பரப்பு (area) பெருமமாக (maximum) இருப்பதற்கு

அதன் உயரம் (height) எவ்வாறு இருக்க வேண்டும்? மேலும் அந்தப் பெருமப் பரப்பளவைக் காண்க. (இரு சமபக்க முக்கோணம் (iso triangle) - இரண்டு பக்கங்கள் சமமான நீளத்தில் உள்ளன (10 அடி)

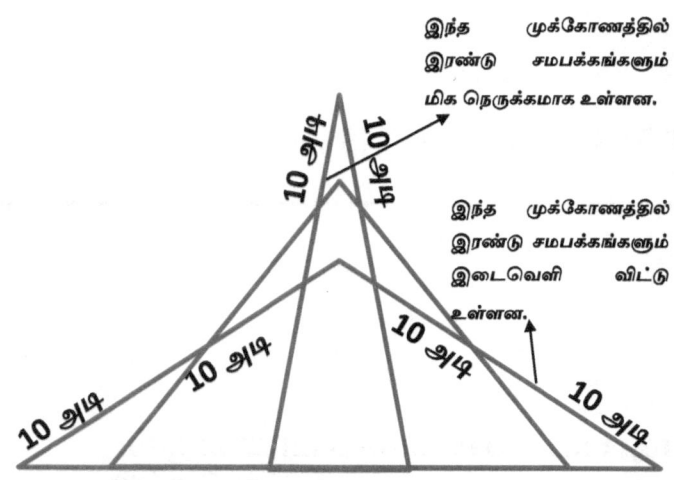

இந்த முக்கோணத்தில் இரண்டு சமபக்கங்களும் மிக நெருக்கமாக உள்ளன.
இந்த முக்கோணத்தில் இரண்டு சமபக்கங்களும் இடைவெளி விட்டு உள்ளன.

படம் 5.1: (மூன்று முக்கோணங்களும் இருசமபக்க முக்கோணங்கள் தான். ஆனால் பரப்புகள் வெவ்வேறாக உள்ளன. எனவே எந்த நிலையில் பரப்பு (area) பெருமமாக உள்ளது என்பதைக் கண்டறிய வேண்டும்.)

நினைவில் கொள்க: (பார்க்க படம் 5.1) இந்த இரு சம பக்கங்களையும் மிக அருகில் கொண்டு வந்தால் உயரம் பெரிதாகி விடும். ஆனால் பரப்பு (area) சிறியதாக இருக்கும். மேலும் இரு பக்கங்களையும் மிக அகலமாகப் பிரித்து வைத்தாலும் உயரம், பரப்பு இவை இரண்டுமே சிறிதாகி விடும். எனவே மேற்குறிப்பிட்ட இந்த இரண்டு நிலைக்கும் இடைப்பட்ட பகுதியில் உள்ள ஒரு குறிப்பிட்ட உயரத்திற்கு முக்கோணத்தின் பரப்புப் பெருமமாக (maximum area) இருக்கும்.

கன அளவு சார்ந்தக் கணக்குகள்:

4. ஒரு கோளத்தினுள் (sphere) பெருமக் கனஅளவு (maximum volume) கொள்ளுமாறு பொறிக்கப்படும் கூம்பின் (cone) அளவுகளைக் காண்க.

முன்னால் சொல்லப்பட்டுள்ள மூன்றாவது கணக்கைப் போலக் கூம்பின் (cone) அடிப்பாகம் (base) பெரியதாக இருந்தால் கன அளவு (volume) சிறியதாக இருக்கும். ஏனென்றால் கூம்பின் உயரம் (height) குறைந்து விடும். அது போல் கூம்பின் (cone) உயரம் (height) பெரியதாக இருந்தால் அடிப்பாகம் (base) சிறியதாகி விடும். அதனால் கனஅளவும் (volume) சிறியதாகி விடும். எனவே இந்த இரண்டு நிலைகளுக்கும் இடையில்தான் பெருமக் கன அளவு (maximum volume) கிடைக்கும்.

பரப்பளவு (area) சார்ந்தக் கணக்குகளைத் தீர்க்க எந்த வழிமுறையைப் பின்பற்றினோமோ அதே வழிமுறையைத்தான் இங்கும் பின்பற்றப் போகிறோம். பொறிக்கப்படும் அல்லது திணிக்கப்பட்ட கூம்பு (inscribed cone) என்பது கூம்பின்

எல்லைகள் (bounderies) கோளத்தைத் (sphere) தொட்டுக் கொண்டு இருப்பது போல் வரையப்படுவதாகும்.

தீர்வு:

முதலில் கொடுக்கப்பட்டுள்ள கணக்கைப் படமாக வரைவோம்.

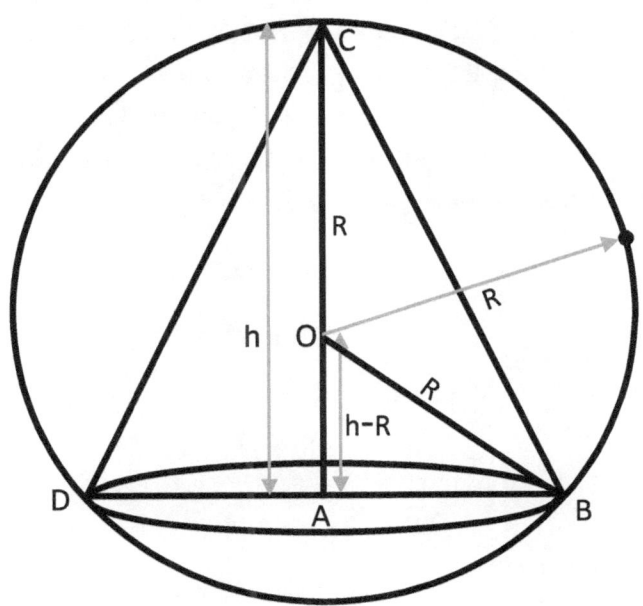

படம் 5.2: கோளத்தினுள் திணிக்கப்பட்ட கூம்பு

முதலில் நாம் எதைப் பெருமப்படுத்த (maximize) வேண்டுமோ அதைத் தெளிவாக வரையறுக்க வேண்டும்.

இங்குக் கூம்பின் கனஅளவு (volume of cone) பெருமமாக இருக்க வேண்டும்.

$$\text{கூம்பின் கன அளவு, } V = \frac{1}{3}\pi r^2 h$$

இப்போது கன அளவில் r மற்றும் h என்ற இரு மாறிகள் (variables) உள்ளன. r-ன் மதிப்பு கூம்பின் அடிப்பாகத்தின் (base) அளவையும் h-ன் மதிப்பு கூம்பின் உயரத்தையும் (height) தீர்மானிக்கின்றன.

முன்னால் சொல்லப்பட்டுள்ள, மூன்றாவது கணக்கைப் போல இங்கும் கூம்பின் அடிப்பாகத்தைச் (base of cone) சிறியதாக்கினால் கன அளவு (volume) குறைந்து விடும். கூம்பின் அடிப்பாகம் (base) பெரியதாக இருக்குமாறு வரைந்தால் உயரம் (height) குறைந்து கன அளவு மீண்டும் சிறியதாகி விடும். எனவே இந்த இரண்டு நிலைகளுக்கும் இடைப்பட்ட ஏதோ ஒரு நிலையில் தான் பெருமக் கனஅளவு (maximum volume) அமையும்.

இதைக் கண்டறிய முதலில் V -யில் உள்ள r மற்றும் h என்ற இரு மாறிகளில் (variables) எதாவது ஒன்றை நீக்க வேண்டும். அதற்கு இவை இரண்டிற்கும் இடையே உள்ள தொடர்பு தெரிய வேண்டும்.

படம் 5.2 -இல் பிதாகரஸ் தேற்றத்தின் படி செங்கோணம் முக்கோணம் (right angle triangle) ΔOAB -லிருந்து,

$$OA^2 + AB^2 = OB^2$$

$$(h - R)^2 + R^2 = R^2$$

$$h^2 - 2hR + \cancel{R^2} - r^2 = \cancel{R^2}$$

$$h^2 - 2hR + r^2 = 0$$

$$r^2 = 2hR - h^2$$

r^2 –இன் மதிப்பை V –யில் பிரதியிட,

$$\therefore V(h) = \frac{1}{3}\ \pi(2hR - h^2)h$$

$$= \frac{2\pi Rh^2}{3} - \frac{\pi h^3}{3}$$

V −யின் பெரும மதிப்பைக் கண்டறிய V −யை h −ஐப் பொருத்து வகையிட (differentiate) வேண்டும்.

$$\frac{dV}{dh} = \frac{2\pi R(2h)}{3} - \frac{\pi(3h^2)}{3}$$

$$= \frac{4\pi Rh}{3} - \pi h^2$$

இப்போது,

பெரும மதிப்பிற்கு $\left(\text{for maximum value}\right)\dfrac{dV}{dh} = 0$ எனக்

கொள்ள வேண்டும்.

$$\frac{4\pi Rh}{3} - \pi h^2 = 0$$

இப்போது r ன் மதிப்பைக் கண்டறிக,

$$h\left(\frac{4\pi R}{3} - \pi h\right) = 0$$

$$\therefore h = 0\ (\text{பொருந்தாத பதில்})$$

$$\text{or} \quad \left(\frac{4\pi R}{3} - \pi h\right) = 0$$

$$\pi h = \frac{4\pi R}{3}$$

$$\therefore h = \frac{4R}{3}$$

$h = \dfrac{4R}{3}$ எனும் போது $\dfrac{dV}{dh} = 0.$

எனவே கனஅளவு (volume) V பெருமமாக (maximum) இருக்கும். இந்த உயரத்திற்கு ஏற்ற ஆரத்தின் (r) மதிப்பைக் கணக்கிட வேண்டும்.

குறிப்பு:

$h = 0$ எனும் போதும் $\dfrac{dV}{dh} = 0$ தான். ஆனால் அங்கு கனஅளவு (volume) V *சிறுமமாக* (minimum) இருக்கும்.

நமக்குத் தெரியும், $r^2 = 2hR - h^2$

$$\therefore r^2 = 2\left(\frac{4R}{3}\right)R - \left(\frac{4R}{3}\right)^2$$

$$= \frac{8R^2}{3} - \frac{16R^2}{9}$$

$$r^2 = \frac{24R^2 - 16R^2}{9}$$

$$r^2 = \frac{8R^2}{9}$$

$$r = \pm\sqrt{\frac{8R^2}{9}}$$

(எதிர்க்குறியைப் புறக்கணிக்க)

$$r = \sqrt{8}\,\frac{R}{3}$$

$$\text{இப்போது, } V = \frac{1}{3}\pi \left(\sqrt{8}\,\frac{R}{3}\right)^2 \left(4\,\frac{R}{3}\right)$$

$$= \frac{1}{3}\pi \left(\frac{8R^2}{9}\right)\left(\frac{4R}{3}\right)$$

$$\text{கூம்பின் கனஅளவு,} \qquad V = \left(\frac{32\pi R^3}{81}\right)$$

இதுதான் கூம்பின் பெருமக் கன அளவாகும். மேலும் கோளத்தின் கனஅளவு,

$$V_{\text{கோளம்}} = \frac{4}{3}\pi R^3$$

$$\frac{V_{\text{கூம்பு}}}{V_{\text{கோளம்}}} = \frac{{}^{32}/_{81}\pi R^3}{{}^{4}/_{3}\pi R^3}$$

$$= \frac{32}{81} \times \frac{3}{4} = \frac{8}{27}$$

$$V_{\text{கூம்பு}} = \frac{8}{27}\, V_{\text{கோளம்}}$$

எனவே கோளத்தினுள் திணிக்கப்பட்ட கூம்பின் பெருமக் கனஅளவு அந்த கோளத்தின் கன அளவைப் போல $\frac{8}{27}$ மடங்கு இருக்கும். (Maximum Volume of cone inscriped in a sphere is $\frac{8}{27}$ times the volume of sphere.)

நினைவில் கொள்க, இது போன்ற கணக்குகளைத் தீர்ப்பதற்குக் கால்குலசை விட்டால் வேறு வழியில்லை.

கீழுள்ள கணக்கை நீங்களாகவே தீர்க்க முயற்சிக்கவும்.

கணக்கு 5:

கொடுக்கப்பட்டுள்ள ஒரு கோளத்தினுள் திணிக்கப்பட்ட உருளையின் (cylinder) பெருமக் கன அளவைக் காண்க. மேலும் உருளையின் கன அளவைக் கோளத்தின் கன அளவுடன் ஒப்பிடுக.

தொலைவை (distance) அடிப்படையாகக் கொண்ட கணக்குகள்:

3 கி.மீ அகலத்தில் நேராக ஓடும் ஆற்றின் ஒரு கரையில் P என்ற புள்ளியில் ஒருவர் நிற்கிறார். அவர் நீரோட்டத் திசையில் கரையின் எதிர்ப்பக்கம் 8 கிலோமீட்டர் தொலைவில் உள்ள Q-வை நோக்கி வேகமாகச் சென்று அடைய வேண்டியுள்ளது. அவர் படகை நேராக எதிர்த்திசை R-க்கு ஓட்டிச் சென்று அங்கிருந்து Q-க்கு ஓடிச் செல்லலாம் அல்லது Q-க்கு நேராக படகை ஓட்டிச் செல்லலாம் அல்லது Q மற்றும் R-க்கு இடையேயுள்ள ஏதேனும் ஒரு புள்ளி S-க்குப் படகை ஓட்டிச் சென்று அங்கிருந்துக்கு Q-க்கு ஓடிச் செல்லலாம். அவர் ஓடும் வேகம் 8 கி.மீ /மணி (8 kmph) படகு ஓட்டும் வேகம் 6 கி.மீ/மணி (6 kmph) எனில் P-யிலிருந்து Q-க்கு வேகமாகச் சென்றடைய அவர் படகை எங்கே கரை சேர்க்க வேண்டும்?

தீர்வு :

இந்தக் கணக்கைப் புரிந்து கொள்ள, கொடுக்கப்பட்டுள்ள விவரங்களின் அடிப்படையில் ஒரு தெளிவான படம் வரைய வேண்டும்.

படம் வரைவதற்கான வழிமுறைகள்:

- முதலில் 3KM அகலத்தில் ஒரு ஆறு நேர்க்கோட்டில் ஓடுகிறது எனக் கொள்வோம்.
- ஆற்றின் ஒரு கரையில் P என்ற புள்ளியில் ஒருவர் நிற்கிறார். எனவே ஆற்றின் ஒரு கரையில் ஏதேனும் ஒரு இடத்தில் P என்ற புள்ளியைக் குறிக்க.
- அவருக்கு நேராக கரையின் எதிர்த்திசையில் உள்ள புள்ளியை R எனக் குறிக்க.
- அங்கிருந்து 8 KM தொலைவில் உள்ள மற்றொரு புள்ளி Q ஆகும்.

இப்போது அவர் P-யிலிருந்து Q-க்கு மூன்று வழிகளில் செல்லலாம்.

i) அவர் P-யிலிருந்து R-க்குப் படகில் சென்று அங்கிருந்து Q-க்கு ஓடிச் செல்லலாம்.

இப்போது கடக்க வேண்டிய தொலைவு = PR + RQ

ii) நேராக P-யிலிருந்து Q-க்கு படகை ஓட்டிச் செல்லலாம்.

இப்போது கடக்க வேண்டிய தொலைவு = PQ

iii) P-யிலிருந்து Q-க்கும் R-க்கும் இடையில் உள்ள ஏதேனும் ஒரு புள்ளி S-க்கு படகில் சென்று அங்கிருந்து Q-க்கு ஓடிச் செல்லலாம்.

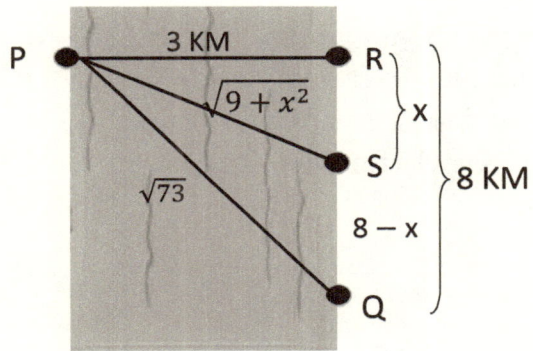

படம் 5.3: ஆற்றைக் கடப்பதற்கான மூன்று வெவ்வேறு வழிகள்

R-க்கும் Q-க்கும் இடையில் S-என்ற ஒரு புள்ளியைப் படத்தில் குறிக்க.

இப்போது கடக்க வேண்டிய தொலைவு = PS + SQ

R-லிருந்து S-வரை உள்ள தொலைவு நமக்கு தெரியாது. அதனால் RS = x என்க.

$x = 0$ எனில் S என்ற புள்ளியும் R -ம் ஒரே புள்ளியாகி விடும்.

$x = 8$ எனில் S என்ற புள்ளி Q உடன் ஒன்றி விடும்,

எனவே இங்கு நாம் கண்டறிய வேண்டிய மதிப்பு x ஆகும்.

நமக்கு P-யிலிருந்து Q-க்கு செல்லும் நேரம் சிறுமமாக (minmum) இருக்க வேண்டும். எனவே எந்த x மதிப்பிற்கு நேரம் சிறுமமாக (minimum) அமையும் எனக் கண்டறிய வேண்டும்.

மீண்டும் நினைவுபடுத்துகிறேன்.

x=0 எனில் நாம் முதல் பாதையில் செல்லலாம். (PQ+RQ)

x=8 எனில் இரண்டாம் பாதையில் செல்ல வேண்டும். (PQ)

இப்போது நேரத்திற்கும் (time) தொலைவிற்கும் (distance) இடையேயான தொடர்பை எடுத்துக் கொள்வோம்.

$$\text{நமக்குத் தெரியும், வேகம் (Speed)} = \frac{\text{தொலைவு (Distance)}}{\text{நேரம் (Time)}}$$

$$\text{நேரம், (Time)} = \frac{\text{தொலைவு (Distance)}}{\text{வேகம் (Speed)}}$$

இப்போது நாம் மூன்றாவது வழியை தேர்வு செய்து x-ஐக் கண்டறிய வேண்டும். x-ன் மதிப்பைப் பொருத்து எந்தப் பாதை சரியான பாதை என்று தீர்மானிக்க வேண்டும்.

எனவே இங்கு,தொலைவு (distance) = PS + SQ

படத்திலிருந்து,

$$PS^2 = PR^2 + RS^2$$

இங்கு, $PR = 3\ KM$

(PRS ஒரு செங்கோண முக்கோணம் (normal triangle))

$$RS = x$$

$$PS^2 = 3^2 + x^2$$

$$PS^2 = 9 + x^2$$

$$PS = \sqrt{9 + x^2}$$

மேலும், $QS = QR - SR$

$$QS = 8 - x$$

இங்கு இரண்டு வேகங்கள் (speed) கொடுக்கப்பட்டுள்ளன. ஒன்று ஆற்றைக் கடக்கும் வேகம் (speed), $U = 6$ கி.மீ/மணி..

மற்றொன்று ஓடும் வேகம் (speed) $V = 8$ கி.மீ/மணி.

இங்கு அவர் PS தூரத்தை ஆற்றிலும் SQ தூரத்தை ஓடியும் கடக்கிறார்.

எனவே PS தூரத்தை கடக்க ஆகும் நேரம் (time),

$$T_1 = \frac{PS}{6}$$

$$= \frac{\sqrt{9 + x^2}}{6}$$

SQ தூரத்தை கடக்க ஆகும் நேரம் $T_2 = \frac{SQ}{8} = \frac{8 - x}{8}$

மொத்த நேரம் $T = T_1 + T_2$

$$T = \frac{\sqrt{9 + x^2}}{6} + \frac{8 - x}{8}$$

இப்போது $T = f(x)$ ஆகும். (T ஆனது X ன் சார்பு (funciton) ஆகும்.) அடுத்து T ன் சிறும மதிப்பைக் (minimum value) காண வேண்டும்.

$\frac{dT}{dx} = 0$· எனக் கொள்க.

$$T = \frac{\left(9 + x^2\right)^{1/2}}{6} + \frac{8 - x}{8}$$

$$\frac{dT}{dx} = \frac{1}{6}\left[\frac{1}{2}\left(9 + x^2\right)^{\frac{1}{2} - 1}\left(2x^{2-1}\right)\right] + \frac{1}{8}(0 - 1)$$

$$= \frac{1}{6}\left[\frac{2x}{2}\left(9+x^2\right)^{-\frac{1}{2}} \right] + \left[\frac{-1}{8} \right]$$

$$= \frac{x}{6\sqrt{9+x^2}} - \frac{1}{8}$$

$$\frac{dT}{dx} = 0$$

$$\frac{x}{6\sqrt{9+x^2}} - \frac{1}{8} = 0$$

$$\frac{x}{6\sqrt{9+x^2}} = \frac{1}{8}$$

$$8x = 6\sqrt{9+x^2}$$

இருபுறமும் வர்க்கப்படுத்த,

$$\left(8x^2\right) = \left(6\sqrt{9+x^2}\right)^2$$

$$64x^2 = 36\left(9+x^2\right)$$

$\div 4$,

$$16x^2 = 9\left(9+x^2\right)$$

$$16x^2 = 81 + 9x^2$$

$$16x^2 - 9x^2 = 81$$

$$7x^2 = 81$$

$$x^2 = \frac{81}{7}$$

$$x = \pm\sqrt{\frac{81}{7}}$$

இங்கு x என்பது தொலைவைக் குறிப்பதால்,

$x = -\sqrt{\frac{81}{7}}$ என்பது பொருந்தாது

$$x = \sqrt{\frac{81}{7}}$$

$$x = \frac{9}{\sqrt{7}}$$

ஏற்கனவே x -க்கு 0 மற்றும் 8 என்ற மதிப்புகள் உள்ளன.

இப்போது, $x = \frac{9}{\sqrt{7}}$

எனவே மூன்று x மதிப்புகளையும் T-யில் பிரதியிட,

$$X = 0 \Rightarrow T = \frac{\sqrt{9+0}}{6} + \frac{8-0}{8}$$

$$= \frac{3}{6} + 1$$

$$= \frac{1}{2} + 1$$

$$T(0) = \frac{3}{2} \text{ மணி}$$

$x = 8$ எனில்,

$$T = \frac{\sqrt{9+8^2}}{6} + \frac{8-8}{8}$$

$$= \frac{\sqrt{64+9}}{6} + 0$$

$$= \frac{\sqrt{72}}{6}$$

$T(8) \cong 1.41$ மணி (தோராயமாக)

$$X = \frac{9}{\sqrt{7}}$$

$$T = \frac{\sqrt{9+\left(\dfrac{9}{\sqrt{7}}\right)^2}}{6} + \frac{8-\dfrac{9}{\sqrt{7}}}{8}$$

$$= \frac{\sqrt{9+\dfrac{81}{7}}}{6} + \frac{8\sqrt{7}-9}{8\sqrt{7}}$$

$$T = \frac{\sqrt{144/7}}{6} + \frac{8\sqrt{7}-9}{8\sqrt{7}}$$

$$\cong 0.7559 + 0.574$$

$$T\left(\frac{9}{\sqrt{7}}\right) \cong 1.33$$

$\therefore$ $T\left(\frac{9}{\sqrt{7}}\right)$–ன் மதிப்புக் குறைவாக உள்ளது. எனவே $X = \frac{9}{\sqrt{7}}$ ல் நேரம் சிறுமம் (minimum) ஆகும்.

எனவே அவர் குறைவான நேரத்தில் P யிலிருந்து Q க்கு செல்ல P-யிலிருந்து அதற்கு எதிர் திசையில் $\frac{9}{\sqrt{7}}$ தொலைவில் உள்ள S என்ற புள்ளிக்கு படகில் சென்றடைய வேண்டும். பின்பு அங்கிருந்து Q-க்கு ஓடிச் செல்ல வேண்டும்.

06

சாய்வு கண்டறிதலின் (Slope Finding) தொகுப்புரை

1. உண்மையில் நுண்கணிதம் அதாவது கால்குலஸ் (Calculus) என்பது வெறும் சாய்வு கண்டறிதலே (Slope Finding) ஆகும். எனவே இனிமேலும் கால்குலஸ் (Calculus) என்ற வார்த்தை உங்களைப் பயமுறுத்த அனுமதிக்கக் கூடாது. நீங்கள் பொதுவான சாய்வு கண்டறிதலின் நுட்பத்தைத் (Method of Slope Finding) தெரிந்து கொண்டாலே போதும். மற்ற விஷயங்கள் எந்தக் குழப்பத்தையும் ஏற்படுத்தாது.
2. ஒரு குறிப்பிட்ட புள்ளி x-ல் சாய்வு (slope) கண்டறிய ஏன் x உடன் Δx– ஐப் பயன்படுத்துகிறோம்? வெறும் x -ஐக் கொண்டு நம்மால் சாய்வு (slope) கண்டறிய முடியுமா?

   இதற்கான பதில் என்னவென்றால் உண்மையில் நமக்குச் சாய்வு (slope) கண்டறிய வேண்டும் என்றால் இரு புள்ளிகள் (two points) வேண்டும். எனவே x உடன் x-க்கு மிக நெருக்கமான தொலைவில் அதாவது Δx தொலைவில் உள்ள மற்றொரு புள்ளியை எடுத்துக் கொள்கிறோம். ஒரே ஒரு நிபந்தனை, Δx-ன் மதிப்பு மிக மிகக் குறைவாக இருக்க வேண்டும் (ஆனால் பூஜ்ஜியம் அல்ல). எனவே ஒரு வளைவரையில் (curve) x என்ற புள்ளியில் சாய்வு கண்டறிய x-க்கு மிக அருகில் Δx தொலைவில்

மற்றொரு புள்ளியை எடுத்துக் கொள்ள வேண்டும். எனவே Δx என்பது வளைவரையில் x-க்கு அடுத்து உள்ள புள்ளியாகும். எனவேதான் x உடன் Δx -ஐப் பயன்படுத்துகிறோம்.

3. கணக்கு எப்படி இருந்தாலும், அது பரப்பைச் சிறுமப்படுத்துவதாக (minimize the area) இருந்தாலும் லாபத்தைப் பெருமப்படுத்துவதாக (maximize the profit) இருந்தாலும் சரி அதை ஒரு சமன்பாட்டு வடிவில் (equation form) விவரிக்க வேண்டும். நிச்சயமாக நம்மால் சமன்பாடு (equation) இல்லாமல் அதன் முதல் வகையீடு (first differentiation) அதாவது அதன் பொதுவான சாய்வு (common slope) கண்டறிய இயலாது.

4. எழுதப்படும் சமன்பாட்டில் இடது புறத்தில் (left side of equation) நாம் எதைப் பெருமப்படுத்துகிறோமோ (maximize) அல்லது எதைச் சிறுமப்படுத்துகிறோமோ (minimize) அதை எழுத வேண்டும். அதுபோல் சமன்பாட்டின் வலது புறத்தில் (right side of equation) ஒரே ஒரு மாறி (variable like 'x') மட்டுமே இருக்க வேண்டும்.

5. கணக்குகளுக்குப் (problems) படம் வரையும் போது சமன்பாட்டின் இடது புறம் இருப்பதை (left side of equation) அதாவது நாம் பெருமம் அல்லது சிறுமம் (maximum or minimum) கண்டறிய வேண்டியதை y அச்சில் (Y axis) இருக்குமாறு வரைய வேண்டும்.

6. பெருமம் or சிறுமம் (maximum or minimum) கண்டறியத் தேவைப்படும் நிறையக் கணக்குகளை நுண்கணிதத்தின் (calculus) உதவியின்றியும் செய்ய இயலும். அதாவது சாய்வு (slope) கண்டறியாமலேயே அவற்றைத் தீர்க்க (solve) முடியும். ஆனால் அவை அனைத்தும் பெரும்பாலும் "முயற்சி பிழை" முறையிலோ (trial and error method) அல்லது துல்லியமாக அதற்கான வரைபடத்தை (graph) வரைவதின் மூலமோ மட்டுமே கண்டறிவதாக இருக்கின்றன. இந்த மாதிரி சூழ்நிலைகளுக்கான தீர்வு பெரும்பாலும் கணிணி மூலமே சாத்தியமாகிறது.

7. மேலும் நாம் ஒரு வளைவரைக்குச் சாய்வு கண்டறியும் போது அல்லது வகையீடு (Slope of curve or Differentiation) காணும் போது நமக்கு வளைவரையின் அனைத்துப் புள்ளிகளுக்கான சாய்வும் (slope of all points) தானாகவே கிடைத்து விடும். ஆனால் பெருமம் சிறுமம் சார்ந்த கணக்குகளில் எந்தப் புள்ளியில் சாய்வு

பூஜ்ஜியமாகிறதோ (at which point slope is zero) அங்குதான் பெருமம் அல்லது சிறுமம் (maximum or minimum) அமையும்.

8. வகை நுண்கணிதத்தின் (Differential Calculus) மிகக் கடினமான பகுதி தேவையான சமன்பாட்டை (equation) வருவித்தலே ஆகும். அதன் பின் அதை வகையிடுவது (differentiate the equation) மிக எளிமையான வேலையாகும்.

9. சாய்வு கண்டறிவது அல்லது வகையிடுவது (Slope finding or Differentiation) என்பது மற்ற அனைத்துக் கணித செயல்முறைகளைப் (Mathematical Operations) போல ஒரு சாதாரணச் செயல் முறைதான். மேலும் கணிதச் செயல்களில் நமக்கு அடிப்படையில் கூட்டல், கழித்தல், பெருக்கல், வகுத்தல் (Addition, Subtraction, Multiplication, Division) என நான்கு செயல்கள் உண்டு. எப்படிக் கூட்டலுக்குக் கழித்தல் (inverse operation of Addition is Subtraction) எதிர்மறைச் செயலோ, பெருக்கலுக்கு வகுத்தல் ஒரு எதிர்மறைச் செயலோ (inverse operation of Multiplication is Division) அதுபோல் வகையிடுதலுக்கும் அதாவது சாய்வு கண்டறிதலுக்கும் (Slope Finding or Differentiation) ஒரு எதிர்மறைச் செயல் உண்டு. அதைத்தான் இனிமேல் பார்க்கப் போகிறோம். இப்போது மொத்தமாக ஐந்து செயல்முறைகள் படித்துள்ளோம். இப்போது ஆறாவது செயல்முறைக்குச் செல்லப் போகிறோம், தயாராகுங்கள்.

07

தொகையீட்டுக் கணிதம் – Integral Calculus

(பரப்பு கண்டறிதல் – Area Finding)

மேலே கொடுக்கப்பட்டுள்ள தலைப்பான "தொகைக் கணிதம் (Integral Calculus)" என்னும் தலைப்பு வெறும் பரப்பைக் கண்டறிதல் (Area Finding) என்னும் அர்த்தத்தைத் தரும் ஒரு பேன்சியான வார்த்தையே ஆகும். பரப்பைக் கண்டறிதலின் (Area Finding) அவசியம் என்ன? பரப்பு கண்டறிதலில் (Area Finding) பல அதிசயத் தக்க பயன்கள் இருக்கின்றன. உதாரணத்திற்குப், பொறியியலில் (Engineering) ஏதேனும் ஒரு குறிப்பிட்ட வளைவரையின் கீழ் அமையும் பரப்பு (area under any curve), ஒரு துப்பாக்கிக் குண்டின் ஆற்றலையோ (energy of bullet released from gun), ஒரு கம்பியின் நீளத்தில் ஏற்படும் மாறுபாட்டையோ (deflection in beams) அல்லது ஒரு மின்தேக்கியில் தேக்கி வைக்கப்பட்டுள்ள ஆற்றலையோ (energy stored in capacitor) குறிக்கலாம்.

வெப்ப இயக்கவியலில் (Thermodynamics) அழுத்தம்- பருமன் தொடர்பிற்கான வளைவரையின் [area under PV curve (PV-Pressure Volume curve)] கீழ் உள்ள பரப்பு ஒரு வாயு விரிவடையும் போது செய்யப்படும் வேலையைக் (work done by a gas during expansion) குறிக்கும். இதைப் போல, எல்லா அறிவியல் பிரிவுகளும் பல்வேறு வகையில் இதன் பயன்பாட்டைக் கொண்டுள்ளன.

பொருளியலில் (Economics) அமையும் தேவை - அளிப்பு வளைவரையின் கீழ் உள்ள பரப்பு (area under Demand-Supply curve) லாபத்தைக் (profit) குறிக்கும். மேலே சொல்லப்பட்டுள்ள, பரப்பைக் கண்டறிதலின் பயன்பாடுகள் (Application of Area Finding) மிக மிகச் சிறிய அளவே. இதன் புதிய புதியப் பயன்பாடுகள் தற்போதையக் காலகட்டத்திலும் கண்டறியப்பட்டுக் கொண்டே இருக்கின்றன.

மேலும் இதன் மிக முக்கிய இன்னொரு பயன்பாடு என்னவென்றால், இயற்கையின் பல்வேறு விதிகளுக்கான (Laws of Nature) சமன்பாடுகள் (Equation) மற்றும் சூத்திரங்களைக் (formulas) கண்டறிதலில் இது மிக முக்கியப் பங்கு வகிக்கிறது. வகையீட்டுச் சமன்பாடுகள் (Differential Equations) மூலம் இவை கண்டறியப்படுகின்றன. இந்தப் புத்தகத்தின் முடிவில் அதைப் பற்றிக் காணலாம்.

பரப்பைக் கண்டறியும் முறை (Method of Area Finding):

நமக்குத் தெரியும், ஒரு சில குறிப்பிட்ட படங்களுக்குப் பரப்பைக் (area) கண்டறிவது மிக எளிது. குறிப்பாக நேர்க்கோடுகளால் சூழப்பட்ட பரப்பைக் (area enclosed by straight line) கண்டறிவது மிக எளிது. [நாம் இங்கே ஒரே தளத்தில் அமையும் படங்களைப் (only 2D diagrams) பற்றி மட்டுமே பார்க்க இருக்கின்றோம். உதாரணமாக, செவ்வகம் (rectangle) முக்கோணம் (triangle) போன்றவை].

பின்வரும் படங்களுக்குப் பரப்பு கண்டறிவது நமக்குத் தெரியும்:

1. செவ்வகம் (rectangle) – இதன் பரப்பு (area) நீளம் மற்றும் அகலத்தைப் பெருக்குவதன் (multiplication of length and width) மூலம் எளிதில் கண்டறியப்படுகிறது. $(\text{Area} = l \times b)$

2. முக்கோணம் (triangle) இதன் பரப்பு (area) 1/2 , அடிப்பக்கம் (base) மற்றும் உயரத்தைப் (height) பெருக்குவதன் மூலம் கண்டறியப்படுகிறது. $\left(\text{Area} = \frac{1}{2} b \times h \right)$

மேலும் இதைத் தொடர்ந்து பின்வரும் படங்கள் சீரான நேர்க்கோட்டினால் சூழப்பட்டவை அல்ல, சீரான வளைவரையினால் சூழப்பட்டவை (enclosed by uniform curve).

எடுத்துக்காட்டு:

1. வட்டம் (circle) – இதன் பரப்பானது (area) பை (π) மற்றும் ஆரத்தின் இருமடியைப் (Square of Radius) பெருக்குவதின் மூலம் கிடைக்கிறது [$A = \pi r^2$]

இப்போது நாம் $y = x^2$ என்ற வளைவரையை (curve) எடுத்துக் கொள்வோம். இந்த வளைவரையின் அடியில் உள்ள பகுதியை (area under this curve) கண்டறிவது எப்படி என்று பார்க்கலாமா? ஒரு பரப்பு (area) முற்றிலும் கோட்டினால் அல்லது வட்டம் போன்ற வளைவால் சூழப்பட்டிருந்தால் அதன் அடியில் உள்ள பரப்பைக் (area) கண்டறிவது நமக்கு எளிது.

ஆனால் $y = x^2$ போன்ற பரவளையத்தினால் சூழப்பட்டுள்ள பரப்பைக் கண்டறிவது (area enclosed by the curve like parabola) எப்படி?

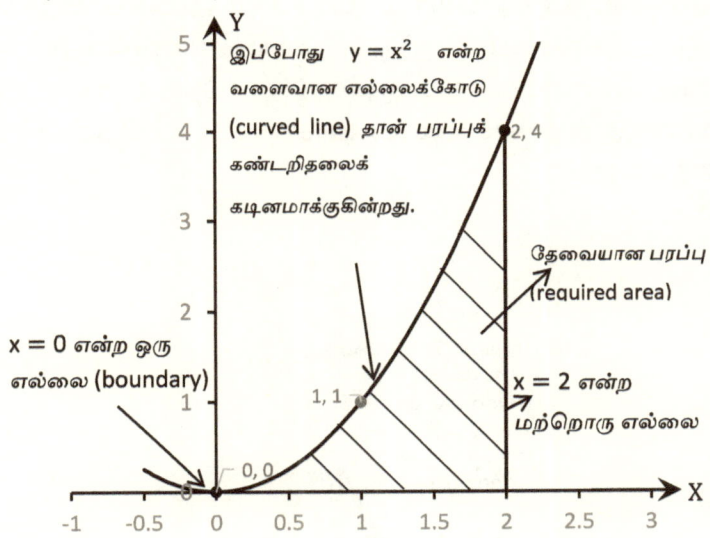

படம் 7.1: $y = x^2$ என்ற வளைவரையின் அடியில் உள்ள பரப்பைக் (area under the curve) கண்டறிவது எப்படி?

(இங்கு $y = x^2$ என்ற வளைவரையைத் தேர்ந்தெடுத்தது, கணக்கை விளக்குவதற்கு எளிதாக இருக்கும் என்பதற்காக மட்டுமே.)

இந்தப் பகுதியிலிருந்து தொடர்ந்து வரும் பகுதிகள் மிக மிக எளிதானவை. ஆனால் மிக எளிய இந்தப் பகுதிகள் அடிக்கடி வந்து கொண்டே இருக்கும்.

நம்மால் கோடுகளால் சூழப்பட்ட பரப்பை எளிதாகக் கண்டறிய இயலும். ஆனால் ஒருபுறம் வளைவரைக் கோட்டால் சூழப்பட்ட பரப்பைக் (area enclosed by curved line) கண்டறிவது எப்படி?

இப்போது நமக்குத் தேவை என்ற $y = x^2$ என்ற வளைவரையின் (curve) அடியில் $x = 0$, $x = 2$ மற்றும் x அச்சு (X axis - $y = 0$) ஆகிய கோடுகளால் சூழப்பட்ட பரப்பைக் (area) கண்டறிவது எப்படி?

இப்போது நம்மால் பின்வரும் குறிப்பிட்ட செயல்களை எளிதாகச் செய்ய முடியும்.

a. முதலில் தேவையான பரப்பைச் (area) செவ்வகமாகவும் (rectangle), முக்கோணமாகவும் பிரித்துக் கொள்ளவும். ஏனெனில் இந்தச் செவ்வகம் மற்றும் முக்கோணத்தின் பரப்பை (area of rectangle and triangle) எளிதில் கண்டறியலாம். இப்போது அங்குப் பிரிக்கப்பட்ட அனைத்துச் செவ்வகம் மற்றும் முக்கோணங்களின் (rectangle and triangle) பரப்பைக் கூட்டவும். இது தேவையான பரப்பின் தோராயமான (approximate value of required area) மதிப்பைக் கண்டறியும் ஒரு முறையாகும்.

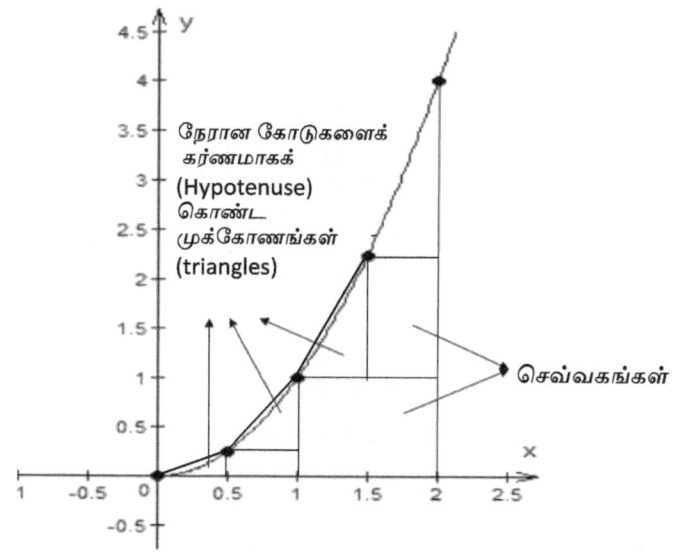

படம் 7.2: இங்கு வளைவரையின் கீழ் உள்ள பரப்பைப் பல்வேறு செவ்வகங்கள் மற்றும் முக்கோணங்களாக நாம் பிரித்துள்ளோம் .

ஆனால் நமக்குப் பரப்பு (area) மிகத் துல்லியமாகத் (accurate) தேவைப்பட்டால் பரப்பை மிகச்சிறிய செவ்வகம் மற்றும் முக்கோணங்களாகப் (very very small rectangles and triangles) பிரிக்க வேண்டும். இங்கு ஒவ்வொரு வளைவரைக்கும் அடியில் உள்ள பரப்பைக் (area under each curve) கண்டறிய மிக அதிக நேரம் ஆகும். மேலும் வளைவரையின் கீழ் உள்ள பரப்பு (area under curve), அதன் மேல் தொடர்ந்து வரையப்படும் முக்கோணங்களின் மேல் துல்லியமாக மேற்பொருந்தாது. இதன் காரணமாக நாம் உள்ளே வரையும் முக்கோணங்கள் எவ்வளவு சிறியதாக இருந்தாலும் அவற்றின் கர்ணப்பக்கம் (hypotenuse of triangle) வளைவரைக் கோடாக அமையாது. [என்னதான் பரப்பினுள் உள்ளே இருக்கும் மொத்த முக்கோணம் மற்றும் செவ்வகங்களின் எண்ணிக்கையைத் துல்லியமாகக் கண்டறிய முடிந்தாலும் பரப்பின் மதிப்பைத் துல்லியமாகக் கண்டறிய முடியாது].

b. இரண்டாவது பிளானி மீட்டர் (Plani Meter) என்னும் கையினால் இயங்கக்கூடிய இயந்திரம் பரப்பை அளக்க உதவும். மேலும் கணினியைப் பயன்படுத்திப் பரப்பை அளக்கும் பல்வேறு முறைகளும் உள்ளன.

ஆனால் இவை அனைத்தையும் விட எந்தவொரு நிலையிலும் பரப்பைக் (area) கணக்கிட உதவும் ஒரு முறையை இப்போது பார்க்கப் போகிறோம்.

முதலில் $y = x^2$ என்ற வளைவரையில் $x = 0$ மற்றும் $x = 2$ க்கும் அடியில் உள்ள பரப்பை (area under the curve of $y = x^2$ between $x = 0$ & $x = 2$) ஒரே ஒரு செவ்வகத்தை (rectangle) மட்டும் பயன்படுத்தித் தோராயமாகக் (approximately) கண்டறிய முயலுவோம்.(படம் 7.3) இங்குச் செவ்வகத்தின் உயரத்தை நாமே நம் கண்களால் கொஞ்சம் தோராயமாக (approximately) மதிப்பிட்டுக் கொள்வோம்.

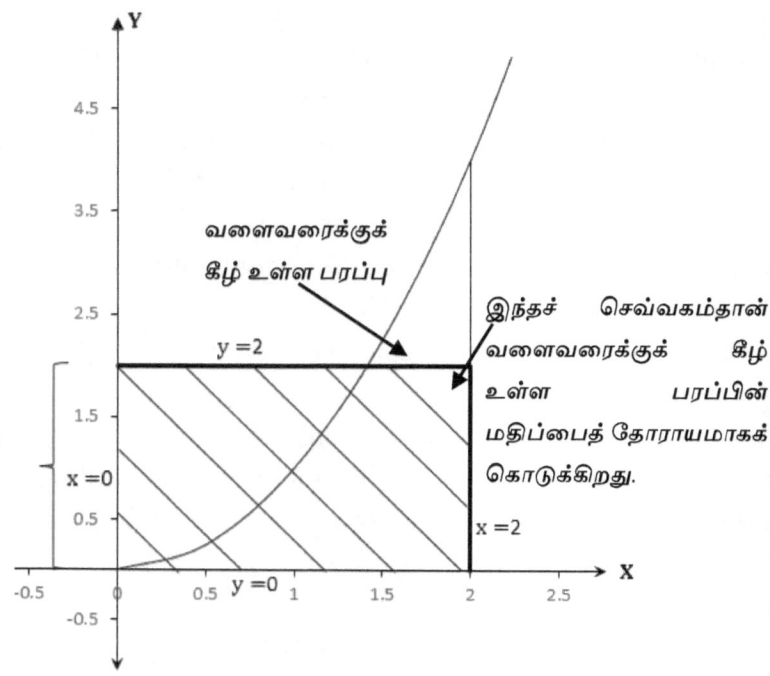

படம் 7.3: $y = x^2$ என்ற வளைவரையில் $x = 0$ மற்றும் $x = 2$ -க்கு இடைப்பட்ட பரப்பு ஒரே ஒரு செவ்வகத்தைக் கொண்டு தோராயமாக்கப்பட்டுள்ளது (approximated by a rectangle).

ஆனால் இங்குப் பிரச்சினை என்னவென்றால் கண்ணால் பார்த்து மட்டும் மதிப்பிடும் போது எல்லாருமே ஒரே உயரத்தையே (height) பார்த்து எடுத்துக் கொள்ள மாட்டார்கள்.

இப்போது நாம் இரு செவ்வகங்களைப் (two rectangles) பயன்படுத்துவோம் (படம் 7.4). வளைவரையின் (curve) அகலத்தை (width) இரண்டாகப் பிரித்து ஒவ்வொரு அகலத்திற்கும் ஒரு செவ்வகத்தை வரையலாம்.

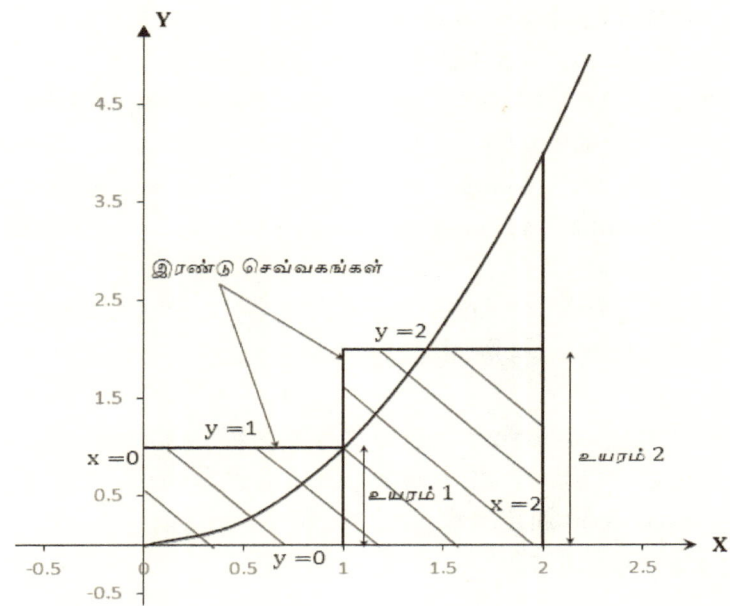

படம் 7.4: இங்கு இரு செவ்வகங்களும் வளைவரைக்குக் கீழ்
உள்ள பரப்பைத் தோராயமாக்கிக் கொடுக்கின்றன. இப்போது
வளைவரையின் சராசரி உயரமானது இரு செவ்வகங்களின் உயரத்தின்
சராசரியாகும். (average height of two rectangles is an approximate height of the
parabolic curve)

இங்கு நாம் கணிக்கக் கூடிய செவ்வகத்தின் உயரம் (height
of the rectangle) முன்பு போல் மிகவும் தோராயமாக (approximate)
இருப்பதில்லை. முன்பை விடக் கொஞ்சம் பரவாயில்லாமல்
இருக்கிறது. அதாவது இங்கு நாம் ஒரு பெரிய கணக்கை இரு சிறிய
கணக்குகளாகப் பிரித்துள்ளோம்.

படத்தில் அகலம் (width) = 2 என்பதை எளிதாகப் பார்த்துச்
சொல்ல முடியும். ஆனால் நாம் தேர்ந்தெடுத்த செவ்வகத்தின்
பரப்பும் வளைவரைக்குக் கீழ் உள்ள பரப்பும் சமமாக இருக்க
உயரத்தை மிகச் சரியாகத் தேர்ந்தெடுக்க வேண்டியுள்ளது.

செவ்வகத்தின் பரப்பும் (area of rectangle) வளைவரையின் கீழ்
உள்ள பரப்பும் (area under the curve) சரி சமமாக அமையப் பெறும்படி
உள்ள செவ்வகத்தின் உயரத்தை (height of rectangle) துல்லியமாக

எவரும் கண்டறிந்ததில்லை. எனவே இப்போதைக்கு நமக்கு உள்ள பிரச்சினை தீர்க்க முடியாததாகவே இருக்கிறது.

நம்முடைய நோக்கம் இந்த வளைவரைக்குக் கீழே உள்ள பரப்பைச் செவ்வகங்களாகப் பிரித்துக் கண்டறிய வேண்டும். அப்படிப் பிரிக்கும் போது அகலத்தை (width) எளிதாகப் பிரிக்க இயலும். ஆனால் உயரத்தை (height) முடிவு செய்வதில்தான் பிரச்சினை உள்ளது.

இதைத் தீர்க்க நமக்கு இருக்கும் ஒரே வழி செவ்வகங்களின் எண்ணிக்கையை அதிகரிப்பதுதான். அது எப்படி என்று பார்க்கலாமா?

இப்போது வளைவரையின் கீழ் உள்ள பரப்பை (area under the curve) நான்கு பகுதிகளாகப் பிரித்து முயற்சி செய்யலாம். இதனால் நாம் ஓரளவு துல்லியமான பரப்பைக் கண்டறிய முடியும் எனத் தோன்றுகிறது (படம் 7.5).

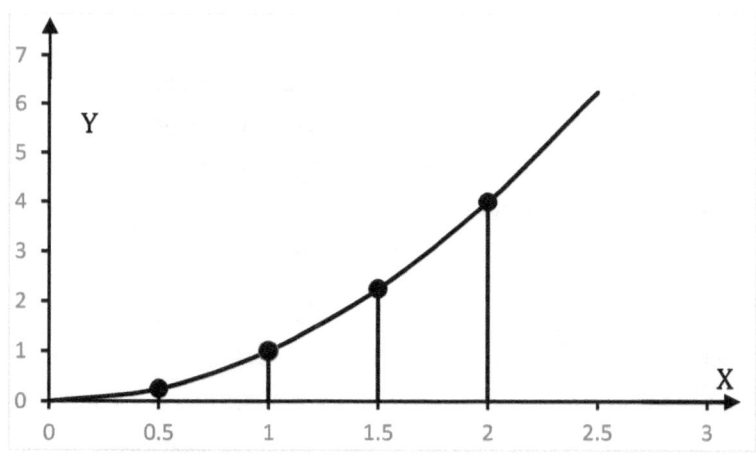

படம் 7.5: அதே பரப்பு (area) இப்போது சம அகலம் (equal width) கொண்ட நான்கு பகுதிகளாகப் பிரிக்கப்பட்டுள்ளது.

இந்த முறை முன்பு செய்தது போல் உயரத்தைக் கண்ணால் பார்த்துத் தோராயமாக (approximate) அளவிடாமல் அதைவிடக் கொஞ்சம் சிறந்த முறையைத் தேர்ந்தெடுத்து அளக்க வேண்டும். ஏனென்றால் நாம் தேர்ந்தெடுக்கும் முறையின் மூலம் அளவிடப்படும் செவ்வகத்தின் உயரமானது ஒவ்வொருவருக்கும்

ஒவ்வொரு விதமாக வேறுபடக் கூடாது. அதனால் நம் வசதிக்காக, ஒவ்வொரு செவ்வகத்தின் உயரத்தையும் அகலங்களின் நடுப்புள்ளியிலிருந்து வரைந்து எடுத்துக் கொள்வோம் (height of each rectangle is assumed to be in centre of width of each rectangle). (படம் – 7.6)

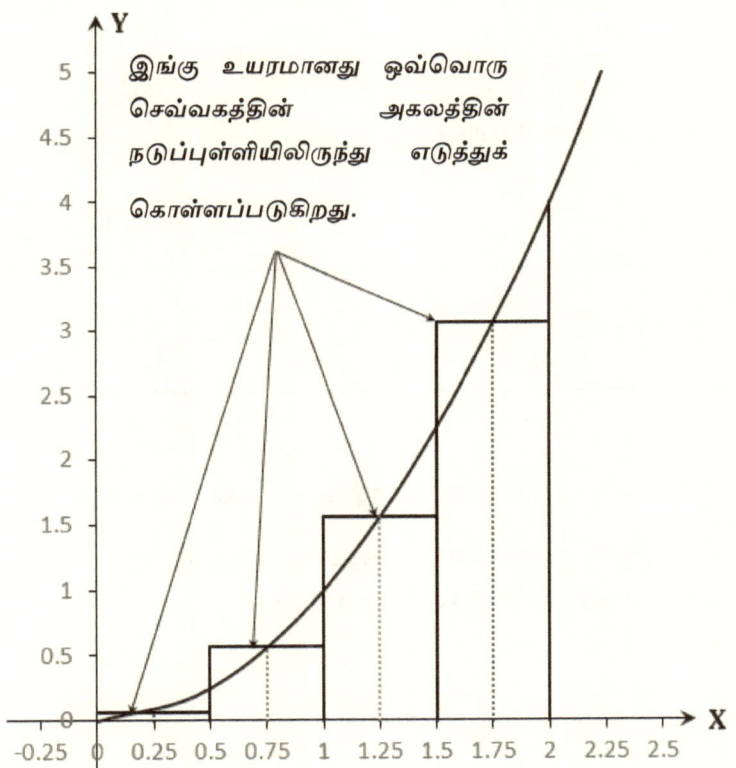

படம் 7.6: சம அகலம் கொண்ட நான்கு செவ்வகங்கள்

இப்போது இந்த நான்கு செவ்வகங்களின் மொத்த பரப்பும் வளைவரைக்குக் கீழ் உள்ள பரப்பின் தோராயமான மதிப்பே ஆகும். (total area of all four rectangle is approximately equal to area under the curve.)

இப்போது முதல் செவ்வகமான மிகச்சிறிய செவ்வகத்தின் பரப்பானது, அதன் அகலம் அதாவது படத்தில் காட்டியுள்ளபடி $x = 0.5 = \frac{1}{2}$ மற்றும் அதன் உயரம் அதாவது முதல் செவ்வகத்தின் நடுப்புள்ளியான $x = 0.25 = \frac{1}{4}$– இல் உள்ள y-ன் மதிப்பு இவற்றின் பெருக்கற்பலன் ஆகும். (படம்- 7.7)

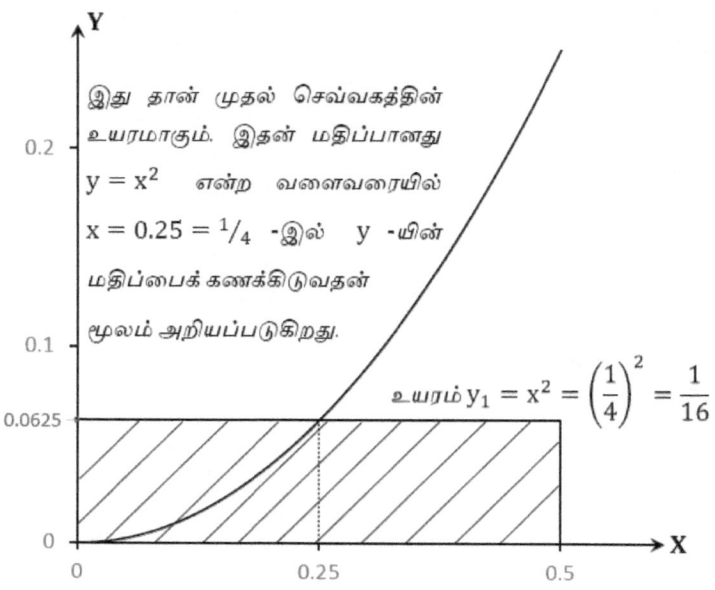

படம் 7.7: முதல் செவ்வகத்தின் பரப்பைக் கண்டறிதல்

படம் 7.7 -லிருந்து முதல் செவ்வகத்தின் பரப்பானது
(area of first rectangle) $A_1 =$ (அகலம்)(உயரம்)

$$A_1 = \left(\frac{1}{2}\right)\left(\frac{1}{16}\right)$$

$$A_1 = \left(\frac{1}{32}\right)$$

இப்போது முதல் செவ்வகத்தைப் போலவே இரண்டாவது செவ்வகத்திற்கும் பரப்பைக் கண்டறிவோம். (முன்பு பயன்படுத்திய அதே முறையை இங்குப் பயன்படுத்துவோம்.)

இப்போது இரண்டாவது செவ்வகத்தின் பரப்பானது, (area of second rectangle)

$$A_2 =$$ (அகலம்)(உயரம்)

இந்தச் செவ்வகத்தின் அகலமும் அதேதான். அதாவது அகலம் (width) $= \frac{1}{2}$. ஆனால் உயரம் (height) மாறுபடுகிறது.

உயரத்தின் மதிப்பானது $y = x^2$ என்ற வளைவரையில் $x = 0.75 = \frac{3}{4}$ -இல் y-ன் மதிப்பைக் கணக்கிடுவதன் மூலம் அறியப்படுகிறது. (படம் 7.6)

$$\text{உயரம் (height)}, \ y_2 = x^2 = \left(\frac{3}{4}\right)^2 = \frac{9}{16}$$

$$\therefore A_2 = \left(\frac{1}{2}\right)\left(\frac{9}{16}\right)$$

$$A_2 = \frac{9}{32}$$

இதைப்போல மூன்றாவது மற்றும் நான்காவது செவ்வகங்களுக்கும் பரப்பைக் கண்டறிவோம்.

மூன்றாவது செவ்வகத்திற்கும் அகலம் (width) அதே $\frac{1}{2}$ தான். ஆனால் உயரமானது, $x = 1$ மற்றும் $x = 1\frac{1}{2} = \frac{3}{2}$ என்ற இருபுள்ளிகளின் நடுப்புள்ளியில் வளைவரையில் உள்ள y -யின் மதிப்பாகும்.

அதாவது $x = 1\frac{1}{4}$ (ஒண்ணே கால்) -இல் y -யின் மதிப்பாகும்.

$$\therefore x = \frac{5}{4}$$

$$y = x^2 = \left(\frac{5}{4}\right)^2$$

$$\text{உயரம் (height)} \ h = \frac{25}{16}$$

மூன்றாவது செவ்வகத்தின் பரப்பு,

$$A_3 = (\text{அகலம்})(\text{உயரம்})$$

$$= \left(\frac{1}{2}\right)\left(\frac{25}{16}\right)$$

$$A_2 = \left(\frac{25}{32}\right)$$

இது போல நான்காவது செவ்வகத்திற்கும் அகலம் $\frac{1}{2}$ தான். ஆனால் உயரமானது $x = 1\frac{1}{2} = \frac{3}{2}$ மற்றும் $x = 2$ ஆகியவற்றுக்கு நடுப்புள்ளியில் வளைவரையில் (curve) உள்ள y-ன் மதிப்பாகும். அதாவது $x = 1\frac{3}{4}$ (ஒண்ணே முக்கால்)-ல் y-ன் மதிப்பாகும்.

$$\therefore x = \frac{7}{4}$$

$$y = x^2 = \left(\frac{7}{4}\right)^2$$

உயரம் $\left(\text{height}\right)$ $h = \frac{49}{16}$

நான்காவது செவ்வகத்தின் பரப்பு,

$$A_4 = (\text{அகலம்})(\text{உயரம்})$$

$$= \left(\frac{1}{2}\right)\left(\frac{49}{16}\right)$$

$$A_4 = \left(\frac{49}{32}\right)$$

இப்போது மொத்தப் பரப்பானது (total area)

$$A_T = A_1 + A_2 + A_3 + A_4$$

நான்கு பகுதிகளுக்கும் இப்போது முன்பு போல அகல உயர மதிப்பை தனித்தனியாகப் பிரதியிடுவோம் (substitute width and height of each rectangles)

$$A_T = \frac{1}{2}\left(\frac{1}{16}\right) + \frac{1}{2}\left(\frac{9}{16}\right) + \frac{1}{2}\left(\frac{25}{16}\right) + \frac{1}{2}\left(\frac{49}{16}\right)$$

அதாவது வேறு வடிவத்தில்,

$$A_T = \frac{1}{2}\left(\frac{1}{4}\right)^2 + \frac{1}{2}\left(\frac{3}{4}\right)^2 + \frac{1}{2}\left(\frac{5}{4}\right)^2 + \frac{1}{2}\left(\frac{7}{4}\right)^2$$

$$\left\{ \begin{matrix} \text{முதல்} \\ \text{பகுதி} \end{matrix} + \begin{matrix} \text{இரண்டாம்} \\ \text{பகுதி} \end{matrix} + \begin{matrix} \text{மூன்றாம்} \\ \text{பகுதி} \end{matrix} + \begin{matrix} \text{நான்காம்} \\ \text{பகுதி} \end{matrix} \right\}$$

மேற்கூறிய வடிவத்தில் ஒவ்வொரு பகுதியில் உள்ள உயரத்தின் (height) இடத்தில் பகுதியானது (denominator) சமமாக நான்கு என்றே வருகிறது.

மேலும் தொகுதியானது (numerator) இரண்டு இரண்டாக அதிகரிக்கிறது. இதுதான் உயரத்தைக் கண்டறிய ஒரு பொதுவான முறையைப் பயன்படுத்துவதன் மிகப்பெரிய பயன்பாடாகும். ஏனென்றால் இப்போது உயரத்தின் தொகுதியானது (numerator) 1^2, 3^2, 5^2, 7^2 என சீராக அதிகரிப்பதைக் காண்கிறோம். இது ஏதோ ஒரு தொடர்வரிசை (progression) போலவும் உள்ளது.

இப்போது இவ்வாறு உயரத்தைக் கணக்கிடுவதன் மூலம் கண்டறியப்பட்ட மொத்தப் பரப்பானது,

$$A_T = \frac{1}{32}\left[1^2 + 3^2 + 5^2 + 7^2\right]$$

$$=\frac{1}{32}[1+9+25+49]$$

$$=\frac{84}{32}$$

$$A_T = 2.625$$

இது தான் $x=0$ மற்றும் $x=2$ ஆகியவற்றுக்கு இடையில் $y=x^2$ என்ற வளைவரையின் அடியில் அமையும் தோராயமான பரப்பின் (area under the curve $y=x^2$ in-between x=0 and x=2) மதிப்பாகும்.

இப்போது வளைவரைக்குக் கீழ் உள்ள பரப்பை எட்டுப் பகுதிகளாக நாம் பிரிக்கப் போகிறோம். (படம் – 7.8).

இப்போது ஒவ்வொரு செவ்வகத்தின் உயரத்தையும் ஒரு சீரான முறையில் கண்டறிந்த பின் பரப்பின் மதிப்பின் துல்லியத்தன்மை (accuracy in area under the curve) கூடிக் கொண்டே போவதை நாம் உணர்கிறோம்.

இப்போது பிரிக்கப்பட்ட ஒவ்வொரு பகுதியும் எந்த அளவிற்கு சிறியதாகிறதோ, அந்த அளவிற்கு உயரத்தின் மதிப்பானது துல்லியமாகக் கிடைக்கிறது என்பதைக் கண்கூடாக காண முடிகிறது. தொடர்ந்து இவ்வாறு செய்யும் போது பரப்பின் மதிப்பில் துல்லியத்தன்மை கூடிக்கொண்டே போகிறது. இதை தொடர்ந்து செய்யச் செய்ய சுவாரசியமாக இருக்கும்.

இப்போது நாம் எட்டு பகுதிகளைப் பயன்படுத்தியிருக்கிறோம். ஒவ்வொரு பகுதியின் அளவும் $\frac{1}{4}=0.25$ என இருக்கும்.

ஒவ்வொரு செவ்வகத்தின் அகலம் (Width of each rectangle),

$$=\frac{\text{மொத்த அகலம் (Total width)}}{\text{பிரிக்கப்பட்ட செவ்வகங்களின் எண்ணிக்கை (Total number of rectangles)}}=\frac{2}{8}=\frac{1}{4}$$

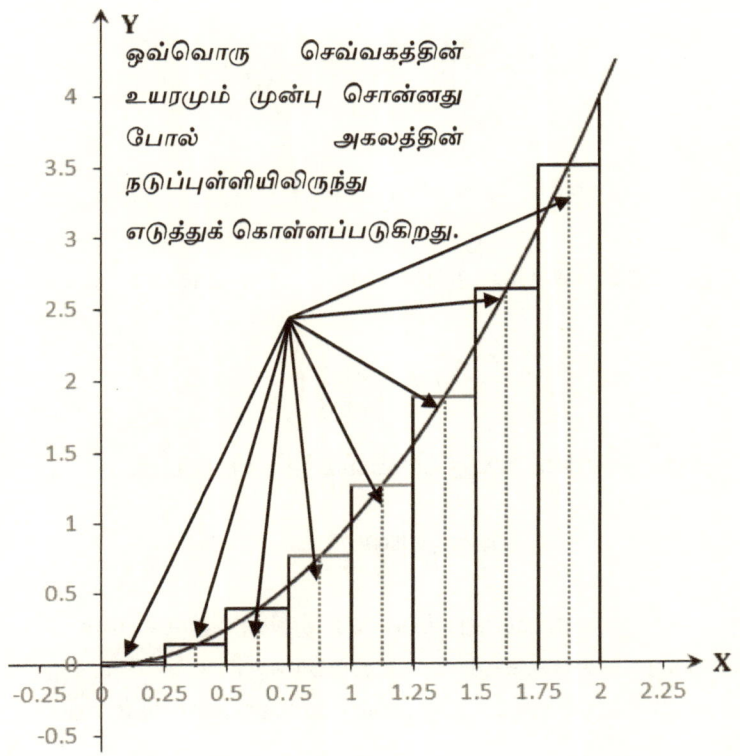

படம் 7.8: வளைவரைக்குக் கீழ் உள்ள பரப்பு இப்போது எட்டு செவ்வகங்களாகப் பிரிக்கப்பட்டுள்ளது.

இப்போது ஒவ்வொரு சிறிய செவ்வகத்தின் உயரத்தையும் (height) கண்டுபிடிக்கலாம்.

முதல் செவ்வகத்தை எடுத்துக்கொள்வோம். அதன் அகலம் $\frac{1}{4}$ ஆகும். உயரத்தை எப்போதும் போல் அகலத்தின் நடுப்புள்ளியிலிருந்து எடுத்துக் கொள்வோம். எனவே முதல் செவ்வகத்தின் உயரமானது $x = 0$ மற்றும் $x = \frac{1}{4}$ என்ற புள்ளிகளின் நடுப்புள்ளியில் அமையும் வளைவரையின் மதிப்பாகும்.

$x = 0$ மற்றும் $x = \frac{1}{4}$ ஆகிய இருபுள்ளிகளின் நடுப்புள்ளி

$$= \frac{0 + \frac{1}{4}}{2} = \frac{1}{8}$$

$$\therefore x = \frac{1}{8} - \text{இல்} \ y = \left(\frac{1}{8}\right)^2$$

$$\text{உயரம்} = \left(\frac{1}{8}\right)^2$$

இப்போது முதல் செவ்வகத்தின் பரப்பு A_1 = அகலம்*உயரம்

$$A_1 = \frac{1}{4} * \left(\frac{1}{8}\right)^2$$

இதைப்போல் இரண்டாவது செவ்வகத்தின் பரப்பு

$$A_2 = \text{அகலம்*உயரம்}$$

இங்கு இரண்டாவது செவ்வகத்தின் அகலமும் $\frac{1}{4}$ தான். இரண்டாவது செவ்வகத்தின் உயரமானது $x = \frac{1}{4}$ மற்றும் $x = \frac{1}{2}$ ஆகிய புள்ளிகளின் நடுப்புள்ளியில் வளைவரையின் உயரமாகும்.

உயரமானது $x = \frac{1}{4}$ மற்றும் $x = \frac{1}{2}$ ஆகிய புள்ளிகளின் நடுப்புள்ளி

$$x = \frac{\frac{1}{4} + \frac{1}{2}}{2} = \frac{3}{8}$$

$$x = \frac{3}{8} - \text{இல் வளைவரையின் உயரம்} = \left(\frac{3}{8}\right)^2$$

$$A_2 = \frac{1}{4} * \left(\frac{3}{8}\right)^2$$

இதேபோல் A_3 = அகலம்*உயரம்

$$A_3 = \left(\frac{1}{4}\right) * \left(\frac{5}{8}\right)^2$$

இங்கு உயரத்தில் பகுதியின் (numerator) மதிப்பானது 1-இல் ஆரம்பித்து இரண்டு இரண்டாக அதிகரித்துக் கொண்டே செல்கிறது. இதைப் பயன்படுத்தி பின்வரும் செவ்வகங்களுக்குப் பரப்பின் மதிப்பை எளிதாக எழுத முடியும்.

$$A_4 = \frac{1}{4} * \left(\frac{7}{8}\right)^2$$

$$A_5 = \frac{1}{4} * \left(\frac{9}{8}\right)^2$$

$$A_6 = \frac{1}{4} * \left(\frac{11}{8}\right)^2$$

$$A_7 = \frac{1}{4} * \left(\frac{13}{8}\right)^2$$

$$A_8 = \frac{1}{4} * \left(\frac{15}{8}\right)^2$$

அனைத்து பரப்புகளையும் கூட்டும் போது,

$$A_T = \frac{1}{4} * \left(\frac{1}{8}\right)^2 + \frac{1}{4} * \left(\frac{3}{8}\right)^2 + \frac{1}{4} * \left(\frac{5}{8}\right)^2 + \frac{1}{4} * \left(\frac{7}{8}\right)^2 + \frac{1}{4}$$
$$* \left(\frac{9}{8}\right)^2 + \frac{1}{4} * \left(\frac{11}{8}\right)^2 + \frac{1}{4} * \left(\frac{13}{8}\right)^2 + \frac{1}{4}$$
$$* \left(\frac{15}{8}\right)^2$$

$$A_T = \frac{1}{4} * \left(\frac{1}{8}\right)^2 \left[1^2 + 3^2 + 5^2 + 7^2 + 9^2 + 11^2 + 13^2 + 15^2\right]$$

$$= \frac{1}{4} * \frac{1}{64}\left[1 + 9 + 25 + 49 + 81 + 121 + 169 + 225\right]$$

$$A_T = \frac{680}{256} = 2.65625$$

இப்போது கண்டறியப்பட்ட பரப்பை (area) முந்தையப் பரப்புடன் (2.625) ஒப்பிடுக. இதிலிருந்து தெரிவது என்னவென்றால் பிரிக்கப்படும் பகுதிகளின் எண்ணிக்கை அதிகரிக்க அதிகரிக்க பரப்பின் மதிப்பு கொஞ்சம் அதிகரித்திருக்கிறது. ஆனால் நமக்குத் தெரியும் இப்போது கண்டறியப்பட்டது உண்மையான பரப்பு அல்ல. மேலும் பிரிக்கப்படும் பகுதிகளின் எண்ணிக்கையை மேலும் அதிகப்படுத்த அதிகப்படுத்த பரப்பின் மதிப்பானது முடிவிலி வரை அதிகரித்துக் கொண்டே செல்லாது. ஆனால் அதன் துல்லியத்தன்மை அதிகரிக்கும். ஏனென்றால் பிரிக்கப்படும் பகுதிகளின் எண்ணிக்கை அதிகமாக அதிகமாக அவை வளைவரையுடன் ஓரளவு நன்றாக மேற்பொருந்தத் தொடங்கும். எனவே நாம் செய்ய வேண்டியது என்னவென்றால் நம்மால் முடிந்தவரை பகுதிகளின் எண்ணிக்கையை அதிகரிப்பது தான். அப்போது தான் உண்மையான பரப்பு கிடைக்கும்.

எனவே பிரிக்கப்படும் பகுதிகளின் எண்ணிக்கைதான் என்ன? அது முடிவிலியாகத் தான் (infinite) அமைய வேண்டும். ஆனால் எப்படி ஒருவரால் முடிவிலா எண்ணிக்கைக்குக் கணக்கிட முடியும். ஒரு 1000 பகுதிகளாகப் பிரித்தாலே அங்குக் கணக்கிட வேண்டிய வேலை மிகவும் எரிச்சலாகவும் ஒரே மாதிரியான வேலை திரும்பத் திரும்ப தொடர்ந்து கொண்டும் இருக்கும். அப்போது கணினியைத்தான் பயன்படுத்த வேண்டும்.

ஆனால் நாம் இங்குப் பரப்பைக் கண்டறிய ஒரு பொதுவான சூத்திரத்தை (general formula) தேடிக் கொண்டிருக்கிறோம். கணினியைப் பயன்படுத்தினால் ஒரு குறிப்பிட்ட கணக்கிற்கு வெறும் எண்ணை மட்டுமே பதிலாகக் கொடுக்கும். பொதுவான சூத்திரத்தை அதனால் தர இயலாது. எனவே பின்வருமாறு செய்து பார்க்கலாம்.

இப்போது நமக்குத் தெரியும், $y = x^2$ என்ற வளைவரையின் கீழ் உள்ள பரப்பைக் கண்டறிய அதை சிறு சிறு பகுதிகளாகப் பிரித்துக் கண்டறிய வேண்டும். உதாரணத்திற்கு முன்பு போல் $x = 0-$ க்கும் $x = 2-$ க்கும் இடைப்பட்ட பரப்பை 16 பகுதிகளாகப் பிரித்தால் முன்பு கண்டறிந்த அதே வடிவம்தான் இங்கும் வரும்.

அதாவது,

$$A_T = \frac{1}{8} * \frac{1}{256}\left[1^2 + 3^2 + 5^2 \ldots + 31^2 \, upto\, 16\, terms\right]$$

எப்போதும் போல 16 பரப்புகள் கிடைக்கும். ஒவ்வொரு பரப்பின் பகுதி மதிப்பானது (numerator) 1^2 – இல் ஆரம்பித்து $3^2, 5^2$ என 16 -வது உறுப்பான 31^2 வரை தொடரும். மேலும் பிரிக்கப்பட்ட இந்தத் துண்டுகளின் எண்ணிக்கை அதிகமாக அதிகமாகப் பரப்பின் துல்லியத்தன்மையும் கூடிக்கொண்டே செல்லும். எனவே பிரிக்கப்பட்ட துண்டுகளின் எண்ணிக்கை 1000 என இருந்தாலும் இந்த $1^2, 3^2, 5^2, \ldots\ldots 1000$ – வது உறுப்பு வரை உள்ளவற்றைக் கூட்டுவதால் பெரிய சிரமம் ஒன்றும் இல்லை என நினைக்கிறேன்.

இப்போது மற்றொரு சாதனம்:
(ஐசக் நீயூட்டனின் கருத்துரை) (Courtesy of Sir Isaac Newton):

இப்போது 1000 பகுதிகளுக்குப் பதிலாக வளைவரைக்குக் கீழ் உள்ள பரப்பை 'n' பகுதிகளாகப் பிரிப்போம். முதலில் எடுத்துக்கொண்ட $x = 2$ என்ற நீளத்திற்குப் பதிலாக ஒரு பொதுவாக $x = b$ என்ற மொத்த நீளத்தை எடுத்துக் கொள்வோம்.(படம் -7.9)

அதாவது $y = x^2$ என்ற வளைவரையின் கீழ் உள்ள பரப்பை $x = 0$ முதல் மொத்த நீளமான $x = b$ வரை கண்டறியப் போகிறோம். [area under the curve of $y = x^2$ in between x=0 and x=b]

இப்போது ஒவ்வொரு பகுதியின் அகலமும் மொத்த நீளமான b-யைப் பிரிக்கப்பட்டுள்ள பகுதிகளின் எண்ணிக்கையான 'n'-ஆல் வகுத்தால் கிடைக்கும்.

$$\text{அதாவது அகலம் } (\text{width}) = b/n$$

வேறு எந்த மாற்றமும் இங்கு இல்லை. ஒவ்வொரு செவ்வகத்தின் உயரமும் (height) அகலத்தின் நடுப்புள்ளியிலிருந்து (mid point of each width) எடுத்துக் கொள்ளப்படுகிறது. அதாவது b/n என்ற அகலத்தின் நடுப்புள்ளி $= b/n$ – ல் பாதி $= \frac{b/n}{2} = b/2n$ ஆகும்.

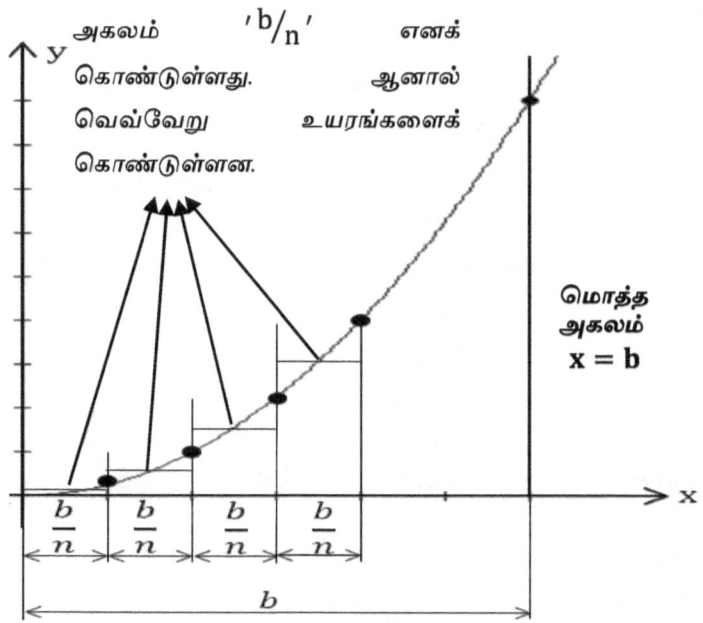

படம் 7.9: $y = x^2$ என்ற வளைவரையின் கீழ் உள்ள பரப்பைக் கண்டறிய உதவும் சாதனம்.

நாம் முன்பு உள்ள எண்களை மாறிகளாக (variables) மாற்றியுள்ளோம். பிரிக்கப்பட்டுள்ள பகுதிகளின் எண்ணிக்கையான n இங்குக் குறிப்பிடப்படவில்லை. எனவே தான் அகலம் $\frac{b}{n}$ என அமையும் ஒரு சில பகுதிகளை மேலே காட்டியுள்ளோம். ஏனென்றால் பிரிக்கப்பட்டுள்ள பகுதிகளின் எண்ணிக்கை மிக மிக அதிகம். அனைத்தையும் மேலே வரைய இயலாது.

இப்போது செவ்வகத்தின் தோராயமான உயரத்தை (apporximate height) முன்பு போலக் கணக்கிடுவோம். அதாவது $x = \frac{b}{2n}$ ஆக இருக்கும் போது வளைவரையின் "y" மதிப்பே செவ்வகத்தின் உயரம் ஆகும்.

$$y = x^2 - \text{இல்}, \qquad x = \frac{b}{2n} \text{ எனில் } y = \left(\frac{b}{2n}\right)^2$$

முதல் செவ்வகத்தின் உயரம் $=\left(\dfrac{b}{2n}\right)^2$ ஆகும்

இப்போது இரண்டாவது செவ்வகத்தின் நடுப்புள்ளியானது,

$$x = \dfrac{b}{n} + \dfrac{b/n}{2} = \dfrac{b}{n} + \dfrac{b}{2n}$$

$$x = \dfrac{b}{n}\left(1 + \dfrac{1}{2}\right)$$

$$x = \dfrac{3b}{2n}$$

$x = \dfrac{3b}{2n}$ என்பதுதான் இரண்டாவது செவ்வகத்தின் நடுப்புள்ளி ஆகும். இப்போது இரண்டாவது செவ்வகத்தின் உயரத்தைக் கண்டுபிடிக்க,

அதாவது $y = x^2 -$ இல், $x = \dfrac{3b}{2n}$ எனில்,

உயரம் (height), $y = \left(\dfrac{3}{2}\dfrac{b}{n}\right)^2$

இரண்டாவது செவ்வகத்தின் உயரம் (height) $= \left(\dfrac{3}{2}\dfrac{b}{n}\right)^2$

இதைப் போல,

மூன்றாவது செவ்வகத்தின் உயரம் (height) $= \left(\dfrac{5}{2}\dfrac{b}{n}\right)^2$

அதவாது உயரத்தின் பகுதியின் (numerator) மதிப்பானது $1^2, 3^2, 5^2$ எனக் கூடிக்கொண்டே செல்லும்.

இப்போது, வளைவரைக்குக் கீழ் உள்ள மொத்தப் பரப்பு (total area under the curve $y = x^2$ from $x = 0$ to $x = b$)

$$A_T = [முதல் \ செவ்வகத்தின் \ அகலம் * உயரம்] +$$

$$[இரண்டாவது \ செவ்வகத்தின் \ அகலம் * உயரம்] +$$
$$[மூன்றாம் \ செவ்வகத்தின் \ அகலம் * உயரம்] + ...$$
$$[n \ வது \ செவ்வகத்தின் \ அகலம் * உயரம்]$$

$$A_T = \left[width_1 * height_1\right] + \left[width_2 * height_2\right] +$$

$$\left[width_3 * height_3\right] + ... \left[width_n * height_n\right]$$

$$A_T = \frac{b}{n}\left[\frac{b}{2n}\right]^2 + \frac{b}{n}\left[\frac{3b}{2n}\right]^2 + \frac{b}{n}\left[\frac{5b}{2n}\right]^2 + ... \frac{b}{n}\left[(2n-1)\frac{b}{2n}\right]^2$$

கடைசிச் செவ்வகத்தின் உயரத்தின் மதிப்பில் வரக்கூடிய பகுதி (numerator) ஆனது n-இன் இரண்டு மடங்கை விட ஒன்று குறைவாக இருக்கும், அதாவது உதாரணத்திற்கு $n = 40$ எனில் உயரமானது $\left(\frac{79b}{2n}\right)^2$ என இருக்கும்.

$$A_T = \frac{b}{n}\left[\left(\frac{b}{2n}\right)^2 + \left(\frac{3b}{2n}\right)^2 + \left(\frac{5b}{2n}\right)^2 + ... \left((2n-1)\frac{b}{2n}\right)^2\right]$$

மேலுள்ளதில் ஒவ்வொரு உறுப்பிலும் உள்ள பகுதியின் கெழுக்கள் (coeffcient of numerator) அந்த உறுப்பு எத்தனையாவது இடத்தில் உள்ளது என்பதன் இரு மடங்கை விட ஒன்று குறைவாகும். அதாவது நான்காவது உறுப்பின் கெழுவானது (coefficient) நான்கின் இருமடங்கான 8 -ஐ விட ஒன்று குறைவான "7" ஆகும். பொதுவாக "n" வது உறுப்பின் கெழுவானது (coeffcient) "$2n-1$" ஆகும்.

இப்போது அனைத்து உறுப்புகளிலும் $\frac{b}{2n}$ பொதுவாக உள்ளதால் அதை வெளியே எடுக்கலாம்.

$$A_T = \frac{b}{n}\left(\frac{b}{2n}\right)^2 \left[1^2 + 3^2 + 5^2 + ...(2n-1)^2\right]$$

$$= \frac{b}{n}\left(\frac{b^2}{4n^2}\right)\left[1^2 + 3^2 + 5^2 + \ldots(2n-1)^2\right]$$

$$A_T = \frac{b^3}{4n^3}\left[1^2 + 3^2 + 5^2 + \ldots(2n-1)^2\right]$$

அதிர்ஷ்டவசமாக $1^2 + 3^2 + 5^2 + \ldots(2n-1)^2$ -யின் மதிப்பைக் குறுக்குவழியில் கண்டறிய நாம் ஒரு சூத்திரத்தைக் (formula) கொண்டுள்ளோம். அது பின்வருமாறு,

$$1^2 + 3^2 + 5^2 + \ldots(2n-1)^2 = \frac{4n^3}{3} - \frac{n}{3}$$

அவ்வளவுதான், இதை எடுத்து அப்படியே பரப்பைக் கண்டறியும் இடத்தில் பிரதியிட்டால் போதும்.

$$A_T = \frac{b^3}{4n^3}\left[\frac{4n^3}{3} - \frac{n}{3}\right]$$

இப்போது வெளியே உள்ள $4n^3$ -ஐ அடைப்புக்குறியின் (bracket) உள்ளே பெருக்கவும்.

$$A_T = b^3\left[\frac{4n^3}{3(4n^3)} - \frac{n}{3(4n^3)}\right]$$

$$A_T = b^3\left[\frac{1}{3} - \frac{1}{12n^2}\right]$$

இதுதான் இறுதி படி நிலையாகும்.

இப்போது நாம் பரப்பை 1000 செவ்வகப் பகுதிகளாகப் பிரிக்க நினைத்தால் n-க்கு பதிலாக 1000 எனப் பிரதியிட்டால் போதும். மேலும் இங்கு 1000 ஐ பிரதியிடும் போது, $\frac{1}{3}$ உடன் ஒப்பிட்டால்

$\frac{1}{12n^2} = \left[\frac{1}{12 \times 1000^2}\right]$ -யின் மதிப்பு மிக மிகச் சிறியதாக இருக்கும். ஏனென்றால் n ஆனது வர்க்கப்படுத்தப்பட்டுத் தொகுதியில் (denominator) உள்ளது. அதனால் $\frac{1}{12n^2}$ -யின் மதிப்பு கிட்டத்தட்ட பூஜ்ஜியமாகவே ஆகிவிடுகிறது.

$$\left[\because \frac{1}{12(1000)^2} = \frac{1}{12000000} = 0.00000008\right]$$

இப்போது நாம் பரப்பை 100000 பகுதிகளாகப் பிரித்தால் $\frac{1}{12n^2}$ -யின் மதிப்பானது இன்னும் குறைந்து விடும். எனவே பரப்பில் உள்ள $\left[\frac{1}{3} - \frac{1}{12n^2}\right]$ -இல் $\frac{1}{12n^2}$ ஆனது $\frac{1}{3}$ உடன் ஒப்பிடும் போது மிக மிகச் சிறியது. எனவே அதைப் புறக்கணிக்கலாம். எனவே இங்கு $\frac{1}{12n^2}$ -ஐப் புறக்கணிப்பது அதை நீக்கி விடுவதற்குச் சமம். அப்படி நீக்கி விட்டால் பரப்பின் துல்லியத்தன்மையில் (accuracy in area) எந்த வித பாதிப்பும் ஏற்படாது. ஏனென்றால் நாம் பரப்பை எண்ணற்ற பகுதிகளாகப் (infinitive - ∞) பிரிக்கும் போது $\frac{1}{12n^2} = \frac{1}{\infty} = 0$ என ஆகிறது. இந்தப் படிநிலையின் சிறப்பம்சமே இதுதான். படியில் n என்ற மாறியே முற்றிலும் இல்லாமல் ஆகி பரப்பானது வெறும் அகலம் b -யை மட்டும் சார்ந்ததாகவே அமைகிறது.

$$\text{மொத்தப் பரப்பு (Total Area)} = b^3\left[\frac{1}{3} - \frac{1}{12n^2}\right]$$

$$= b^3\left[\frac{1}{3} - \frac{1}{\infty}\right]$$

$$= b^3\left[\frac{1}{3} - 0\right]$$

$$\therefore \text{மொத்தப் பரப்பு } Total\ Area = \frac{b^3}{3}$$

இப்போது ஒரு குறிப்பிட்ட அகலம் 'b' -க்குப் பதிலாகப் பொதுவான அகலம் 'x' -ஐப் பயன்படுத்தலாம்.

$$\therefore \text{மொத்தப் பரப்பு (Total Area)} = \frac{x^3}{3}$$

(இதுதான் $y = x^2$ என்ற வளைவரையின் கீழ் அமையும் பொதுவான பரப்பு (area under the curve $y = x^2$) ஆகும்)

இந்தப் புத்தகத்தின் முதல் பகுதியில் $y = x^2$ என்ற வளைவரைக்குச் சாய்வு (slope) கண்டறிவது எப்படி என்று பார்த்தோம். மேலும் வளைவரையின் சாய்வானது $\frac{dy}{dx} = 2x$ எனப் பார்த்தோம்.

இப்போது அதே வளைவரையின் அடியில் அமையும் பரப்பு, $A = \frac{x^3}{3}$ என வருவித்துள்ளோம்.

இதுதான், இவ்வளவுதான் நாம் இதுவரை புரியாமல் தத்தளித்த கால்குலஸ் பற்றிய அடிப்படை ஆகும். ஆனால் இது போல் உள்ள பொதுவான சூத்திரங்கள் அல்லது சமன்பாடுகளைக் கண்டறியும் போது புதிது புதிதாக எதிர்பார்க்காத கோவைகள் (expressions) அல்லது சார்புகள் (functions) கிடைக்கும். எப்படி ஒரு கம்பளி பூச்சி பட்டாம் பூச்சியாக மாற அதற்கு ஒரு சரியான தருணம் தேவையோ அது போல் இதுவும் நமக்கு ஒரு தொடக்கம் தான்.

சரி நாம் கதையைத் தொடர்வோம்.

இப்போது $y = x^2$ என்ற வளைவரையில் $x = 0$ முதல் $x = 2$ வரை உள்ள பரப்பைக் கண்டறிவோம். இதற்குப் பரப்பின் பொதுவான சமன்பாடான $A = \frac{x^3}{3}$ -இல் 'x' க்குப் பதிலாக '2' எனப் பிரதியிடலாம்.

$$A = \frac{2^3}{3} = \frac{8}{3} = 2.666$$

இதுதான் $x = 0$ முதல் $x = 2$ வரை உள்ள இடைவெளியில் $y = x^2$ என்ற வளைவரைக்கு அடியில் உள்ள பரப்பின் துல்லியமான மதிப்பாகும். நாம் என்னதான் பிரிக்கப்படும் துண்டுகளின் எண்ணிக்கையை அதிகரித்தாலும் இதற்கு மேல் இதன் துல்லியத்தன்மையைக் கூட்ட முடியாது.

உங்களுடைய திருப்திக்காக வேண்டுமென்றால் இந்தப் பரப்பை நீங்களே அளந்து பார்த்து ஒப்பிட்டுக் கொள்ளலாம்.

ஒரு வரைபடத் தாளை(Graph sheet) எடுத்து அதில் என்ற $y = x^2$ என்ற சார்பிற்கான வளைவரையை மிகவும் துல்லியமாக வரையவும். y மற்றும் x -இன் மதிப்புகளை அவற்றிற்குரிய இடங்களில் துல்லியமாகக் குறிக்க. பின்பு x அச்சில் $x = 0$-ல் ஆரம்பித்து $x = 0.1, x = 0.2, x = 0.3, x = 0.4$ என $y = x^2$ என்ற வளைவரைக்குக் கீழ் x-ன் ஒவ்வொரு 0.1 -க்கும் ஒரு கோடு வரையவும். அதன் பிறகு கோட்டினால் பிரிக்கப்பட்ட ஒவ்வொரு துண்டுகளையும் எண்ணவும். மேலும் அவை ஒவ்வொன்றின் சராசரி உயரத்தையும் அளக்கவும். இதை ஒரு 20 பகுதிகளாக அல்லது 40 பகுதிகளாகச் செய்து பார்க்கவும். அதன் பிறகு நீங்கள் கண்டறியும் பரப்பின் மதிப்பு 2.666-க்கு எவ்வளவு நெருக்கமாக இருக்கிறது என்பதைத் தெரிந்து கொள்ளலாம். அப்போதுதான் தெரியும் நாம் முன்னால் பயன்படுத்திய முறை எவ்வளவு வியப்பானது என்று. உண்மையைச் சொல்லப் போனால் வளைவரையின் கீழ் உள்ள பரப்பைக் கண்டறிய இதுதான் மிகச் சரியான மதிப்பாகும்.

எனவே $y = x^2$ என்ற வளைவரையின் கீழ் அமையும் பரப்பின் பொதுவான சூத்திரம் $A = \dfrac{x^3}{3}$ ஆகும். சரி $y = x^2$ என்ற சார்பிற்குப் பரப்பு கண்டறிந்தாயிற்று. ஆனால் மற்ற சார்புகள் அல்லது வளைவரைகளுக்கு அவற்றின் கீழுள்ள பரப்பைக் கண்டறிவது எப்படி? உதாரணத்திற்கு $y = 3x^3 - 2x^2 + x - 1$ என்ற சார்பிற்கு இதே முறையைப் பயன்படுத்த முடியுமா? முந்தைய முறை போல $1^2, 2^2, 3^2$ என வரிசைகள் வருமா? அல்லது இந்த முறை இங்குச் சரி வராமல் போய்விடுமா?

இதற்குச் சரியான பதில் என்னவென்றால் இந்த முறை அனைத்திற்கும் மிக மிகச் சரியாகப் பொருந்தும் என்பதே. ஏனென்றால் ஒரு பொதுவான குறிப்பிட்ட முறையைக் கணக்கில் பயன்படுத்துவதால் இங்கு எந்தப் பிரச்சினையும் எழுவதில்லை. ஆனால் முன்பு பார்த்தது போல் மிகப்பெரிய செயல்முறையை ஒவ்வொரு தடவையும் செய்ய வேண்டியதில்லை.

அதற்குப் பதிலாக எளிதான ஒரு சிறிய விதியை நினைவில் வைத்துக் கொள்ளலாம் (short cut). பொதுவாக $y = x^n$ என்ற வளைவரைக்குக் கீழுள்ள பரப்பைக் கண்டறியும் சூத்திரமானது x -ன் அருகிலுள்ள மதிப்பை ஒன்றால் கூட்டி அதே அடுக்கு மதிப்பால் மீண்டும் அதை வகுக்கக் கிடைப்பதாகும். (Raise the exponent by one and divide the term by the same exponent). எனவே $y = x^n$ –க்கான பரப்பின் பொதுவான சூத்திரம் $A = \dfrac{x^{n+1}}{n+1}$. மேலும் இங்கு n -இன் மதிப்பு எதுவாக வேண்டுமானாலும் இருக்கலாம். ஆனால் '-1' ஆக மட்டும் இருக்க முடியாது. ஏனெனில் $n = -1$ எனில் $A = \dfrac{x^0}{0} = \infty$ ஆகிவிடும். உதாரணத்திற்கு $y = 3x^3 - 2x^2 + x - 1$ என்ற வளைவரைக்குக் கீழ் உள்ள பரப்பானது,

$$A = 3\left[\frac{x^{3+1}}{3+1}\right] - 2\left[\frac{x^{2+1}}{2+1}\right] + 1\left[\frac{x^{1+1}}{1+1}\right] - 1\left[\frac{x^{0+1}}{0+1}\right]$$

$$A = 3\frac{x^4}{4} - 2\frac{x^3}{3} + \frac{x^2}{2} - \frac{x^1}{1} + c$$

y-இல் உள்ள ஒவ்வொரு பகுதியிலும் x -இன் அடுக்கானது ஒன்றுடன் கூட்டப்பட்டு அதே மதிப்பைக் கொண்டு அந்தப் பகுதி (denominator) வகுக்கப்படுகிறது. மேலும் '1' என்ற உறுப்பில் x -இன் சார்புகள் எதுவும் இல்லையெனில் அது $1.x^0$ என எழுதப்படுகிறது. ($x^0 = 1$) அதன் பிறகு பரப்பில் $1 \times \left[\dfrac{x^{0+1}}{0+1}\right] = x$ என மாற்றப்படுகிறது.

பரப்பு கண்டறியும் போது சரியான எல்லைகள் கொடுக்கப்படாவிடில் 'c' என்ற மாறிலி மதிப்பை எப்போதும் கூட்டிக் கொண்டே இருக்க வேண்டும். இவைதான் தொகையிடுதலின் (Integration) விளக்கமாகும். தொகையிடுதல் சார்ந்த கணக்குகளில் எல்லைகள் கொடுக்கப்படாவிடில் 'c' என்ற மாறிலி (constant) வந்து கொண்டே இருக்கும்.

இப்போது $y = x^n$ -க்கான தொகையிடுதலுக்கான சூத்திரம் $\dfrac{x^{n+1}}{n+1}$ (அதாவது $y = x^n$ என்ற வளைவரையின் கீழ் உள்ள பரப்பு)

இது போல் மற்ற சார்புகளின் (function) தொகையிடுதலின் (integration) சூத்திரங்கள் அட்டவணை 8.1-ல் கொடுக்கப்பட்டுள்ளன.

பரப்புக் கண்டறிதலின் செயல்முறையானது (area finding) அப்படியே சாய்வு கண்டறிதலின் செயல் முறையின் நேர்மாறு (inverse) ஆகும். ஏனென்றால் சாய்வு கண்டறியும் போது உங்களுக்கு நினைவிருக்கும், முதலில் அடுக்கின் (exponent) மதிப்பு கெழுவால் (coefficient) பெருக்கப்பட்டுப் பின்னர் அடுக்கின் (exponent) மதிப்பிலிருந்து ஒன்று குறைக்கப்படும். அதாவது $y = x^n$ என்ற சார்பின் சாய்வானது $\frac{dy}{dx} = nx^{n-1}$ ஆகும். இப்போது $y = \frac{x^3}{3}$ என்ற சார்பை எடுத்துக் கொண்டால் அதற்குக் கிடைக்கும் சாய்வானது $\frac{dy}{dx} = x^2$ ஆகும். இதற்கு முன்பு $y = x^2$ என்ற வளைவரையின் கீழுள்ள பரப்பு $A = \frac{x^3}{3}$ என்று பார்த்தோம். பரப்பு கண்டறிதலுக்கு முதலில் அடுக்கின் (exponent) மதிப்புடன் ஒன்று கூட்டப்பட்டு அந்த மதிப்பு அதே எண்ணால் வகுக்கப்படுகிறது.

அதாவது $y = x^2$ என்ற சார்பின் கீழுள்ள பரப்பானது

$$A = \frac{x^{2+1}}{2+1} = \frac{x^3}{3} \text{ ஆகும்}$$

இதிலிருந்து சார்பு கண்டறிதலும் (slope finding) பரப்பு கண்டறிதலும் (area finding) ஒன்றுக்கொன்று நேர்மாறான செயல்முறைகள் என்பதைத் தெரிந்து கொள்ளலாம். ஒரு வளைவரையின்சாய்வுகண்டறிதல்(slope finding)(அ)வகையிடுதலைக் குறிக்க $\frac{dy}{dx}$ என்னும் குறியீட்டைப் பயன்படுத்தினோம்.

$$\left[\frac{dy}{dx} = \text{differentiation of y with respect to x} \right]$$

அதுபோல் பரப்பு கண்டறிதல் (area finding) (அ) தொகையீடு காணுதலுக்கும் பொதுவான ஒரு குறியீடு பயன்படுத்தப் படுகிறது. அதுதான் $\int$, ஆகும். $\int$ என்ற குறியீடானது ஆங்கிலத்தில் sum அதாவது கூடுதல் என்ற வார்த்தையின் முதல் எழுத்தான S என்ற எழுத்தில் இருந்து எடுக்கப்பட்டுள்ளது. இங்குக் கூடுதல் என்பது

வளைவரையின் அடிப்பகுதியில் பிரிக்கப்பட்டுள்ள எண்ணற்ற சிறிய செவ்வகத் துண்டுகளின் பரப்புகளின் கூடுதலைக் குறிக்கிறது [Sum of an unspecified very large number of 'n' rectangles under the curve].

அதாவது ஒரு சிறிய செவ்வகத் துண்டின் பரப்பு

Area of an small rectangular piece,   dA = ydx

இங்கு dx என்ற குறியீடானது இங்கு உள்ள ஒவ்வொரு செவ்வகத்துண்டின் மிக மிகச் சிறிய அகலத்தைக் (width) குறிக்கிறது. இங்கு dA = y.dx என்பது அகலம் மற்றும் உயரம் ஆகியவற்றின் பெருக்கற்பலன் அதாவது ஒரு செவ்வகத்தின் பரப்பைக் குறிக்கும். (பார்க்க படம் 7.10)

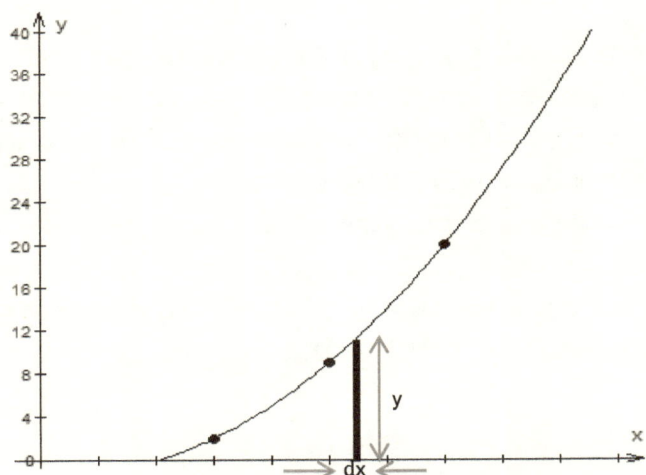

படம் 7.10: ஒரு சிறிய துண்டின் பரப்பு (dA = ydx)

(நினைவிருக்கட்டும், dA என்பது d மற்றும் A ஆகியவற்றின் பெருக்கற்பலன் (product) அல்ல. dA என்பது நாம் முன்னர்க் குறிப்பிட்டது போல் வளைவரைக்குக் கீழ் உள்ள பரப்பில் உள்ள ஒரு சிறிய துண்டின் பரப்பைக் குறிக்கிறது. ஒரு சிறிய துண்டின் அகலம் ஆனது பெரிதாக்கிக் காட்டப்பட்டுள்ளது. உண்மையில் அந்த அகலத்தின் மதிப்பானது ஒரு கோட்டின் தடிமனை விட மிக மிகச் சிறியது.)

இதன் படத்தில் y என்பது வளைவரையின் சராசரி உயரத்தையும் dx என்பது ஒரே ஒரு மிகச்சிறிய துண்டின் அகலத்தையும் குறிக்கிறது. ydx என்பது ஒரே ஒரு சிறிய துண்டின் பரப்பையும் (area of an element) ∫y dx என்பது அனைத்து சிறிய பரப்புகளின் கூடுதலை அதாவது வளைவரைக்குக் கீழ் உள்ள மொத்தப்பரப்பையும் குறிக்கிறது. (∫y dx denotes the sum of area of all element)

இப்போது $y = x^2$ என்ற சார்பின் கீழ் $x = 0$ முதல் $x = 2$ வரை உள்ள பரப்பானது பின்வருமாறு எழுதப்படுகிறது. [area under the curve $y = x^2$ from $x = 0$ to $x = 2$]

$$A = \int_0^2 x^2 dx$$

தொகையீட்டுக் குறியீட்டின் (integral sign) கீழுள்ள "0" என்ற எண் இடது புற எல்லையையும் "2" என்ற எண் வலதுபுற எல்லையையும் குறிக்கிறது. (இந்த இரு எண்களும் தொகையீட்டின் எல்லைகள் (limits of integral) என்று அழைக்கப்படுகின்றன.)

$y = x^2$ என்ற வளைவரையின் கீழ் $x = 0$ முதல் $x = 2$ வரை அடைபடும் மொத்த பரப்பானது அகலம் (width) dx மற்றும் மாறுபடும் உயரம் y (variable height) கொண்ட எண்ணிக்கையற்ற பல செவ்வகங்களின் பரப்புகளின் கூடுதல் ஆகும்.

$$A = \int_0^2 y \, dx$$

$\int_0^2$, ஆனது $x = 0$ முதல் $x = 2$ வரை உள்ள பல செவ்வகங்களின் கூடுதலைக் குறிக்கும்.)

எனவே பரப்பு $A = \int_0^2 x^2 dx$

இப்போது x^2 -ஐ $x = 0$ மற்றும் $x = 2$ -க்கு இடையில் தொகையிட்டு அதைப் பின்வருமாறு எழுத வேண்டும்.

$$A = \left[\frac{x^3}{3} \right]_0^2$$

இதன் மதிப்பைப் பின்வருமாறு கணக்கிட வேண்டும்.

$$A = \left[\frac{2^3}{3} \right] - \left[\frac{0^3}{3} \right]$$

$$= \frac{8}{3}$$

அதாவது பரப்பில் உள்ள x என்ற இடத்தில் முதலில் மேற்புற எல்லையான (upper limit) $x=2$ -வையும் பின்பு கீழ்புற எல்லையான (lower limit) $x=0$ -வையும் பிரதியிட்டு (substitute) முதல் மதிப்பில் இருந்து இரண்டாம் மதிப்பைக் கழிக்க வேண்டும். இங்குப் பரப்பிற்கான விடையானது $\frac{8}{3}$ எனக் கிடைக்கிறது. மேலும் y -க்குப் பதிலாக $y=x^2$ எனப் பிரதியிட்ட பிறகுதான் தொகையிட (integrate) வேண்டும்.

$$A = \int_0^2 y \, dx = \int_0^2 x^2 dx$$

(dx -இல் உள்ள மாறியான (variables) x தான் தொகையிடும் சார்பிலும் இருக்க வேண்டும்.)

இப்போது வேறொரு சார்பிற்கு (function) இதைப் போலத் தொகையீடு (integrate) காண முயற்சி செய்வோம்.

உதாரணத்திற்கு, $y=2x^2-3x$ என்ற வளைவரைக்குக் கீழ் உள்ள பரப்பை $x=2$ மற்றும் $x=4$ என்ற இடைவெளியில் கண்டறியலாம்.

தீர்வு:

$y=2x^2-3x$ என்ற சார்பின் வரைபடம் வரைய முதலில் தேவையான புள்ளிகளைக் (points) கண்டறியலாம். (பார்க்க படம் 7.11)

x	$y = 2x^2 - 3x$	y
2	$8 - 6$	2
3	$18 - 9$	9
4	$32 - 12$	20
5	$50 - 15$	45

அட்டவணை 7.1: $y = 2x^2 - 3x$ என்ற சார்பின் மேல் அமையும் புள்ளிகள்

உயரம் y மற்றும் அகலம் dx எனக் கொண்ட ஒரு சிறிய செவ்வகத்துண்டின் துண்டின் பரப்பு (area of small rectangular piece having height 'y' and breadh 'dx')

$$dA = ydx = \left(2x^2 - 3x\right)dx$$

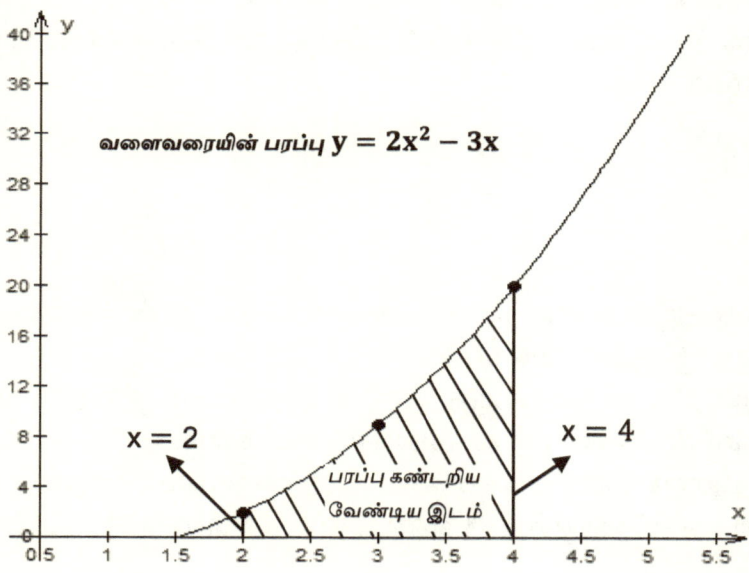

படம் 7.11: $y = 2x^2 - 3x$ என்ற வளைவரையின் அடியில் உள்ள பரப்பு
(area under the curve of $y = 2x^2 - 3x$)

இப்போது இதைப் போல ஒவ்வொரு துண்டின் பரப்பையும் (dA) கூட்ட வேண்டும்,

$$\therefore \text{மொத்தப் பரப்பு (Total Area) } A = \int\limits_{2}^{4} dA$$

dA –இன் மொத்தக் கூடுதலை அதாவது $\int dA$ –வை A என எழுதலாம்.

$$A = \int\limits_{2}^{4} 2x^2 - 3x \, dx$$

இப்போது மேலுள்ள சார்பின் ஒவ்வொரு பகுதிகளையும் தனித்தனியாகத் தொகையிட (integrate) வேண்டும்.
(மேற்குறிப்பிட்ட சார்பில் இரண்டு பகுதிகள் உள்ளன)

$$A = \left[\frac{2x^{2+1}}{2+1} - \frac{3x^{2+1}}{1+1} \right]_{2}^{4}$$

$$= \left[\frac{2x^3}{3} - \frac{3x^2}{2} \right]_{2}^{4}$$

இப்போது நாம் எல்லைகளை (limits) இன்னும் பிரதியிட வில்லை. எல்லைகளைப் (limits) பிரதியிடும் போது நமக்கு ஒரு எண் பதிலாகக் கிடைக்கும்.

நாம் செய்திருக்கும் தொகையீடு (integrate) சரிதானா எனச் சரி பார்க்க தொகையீடு செய்த பின் கிடைத்த சார்பை மீண்டும் வகையீடு (differentiate) செய்து பார்க்க வேண்டும். அப்படி வகையீடு (differentiate) செய்த பின் நமக்கு மீண்டும் முதலில் உள்ள சார்பு கிடைக்க வேண்டும். அவ்வாறு கிடைத்தால் நாம் செய்த தொகையீடு (integration) சரியானதுதான் எனக் கொள்ளலாம். ஏனென்றால்

தொகையீடு (integration) என்பதே வகையீட்டின் (differentiation) எதிர் செயல்முறைதானே.

சரி நாம் கணக்கிற்கு வருவோம். மேலுள்ள சமன்பாட்டில் உள்ள கோவையின் மதிப்பைக் காண முதலில் x -க்குப் பதிலாக மேற்புற எல்லையான $x = 4$ -ஐப் பிரதியிட்டுக் கிடைக்கும் மதிப்பிலிருந்து கீழ்புற எல்லையான $x = 2$ -ஐப் பிரதியிட்டுக் கிடைக்கும் மதிப்பில் இருந்து கழித்தால் நமக்குத் தேவையான பதில் கிடைத்து விடும்.

$$A = \left[\frac{2(4)^3}{3} - \frac{3(4)^2}{2}\right] \quad - \quad \left[\frac{2(2)^3}{3} - \frac{2(2)^3}{2}\right]$$

> இங்கு x -க்குப் பதிலாக 4 - ஐப் பிரதியிட்டுள்ளோம்.
> இந்த மதிப்பானது (origin) ஆதியில் இருந்து x=4 வரையிலான இடைப்பட்ட பகுதியில் வளைவரையின் கீழ் உள்ள பரப்பைக் குறிக்கும்.

> இங்கு x -க்குப் பதிலாக 2 -ஐப் பிரதியிட்டுள்ளோம்.
> இந்த மதிப்பானது (origin) ஆதியில் இருந்து x=2 வரையிலான இடைப்பட்ட பகுதியில் வளைவரையின் கீழ் உள்ள பரப்பைக் குறிக்கும்.

$$A = \left[\frac{128}{3} - \frac{48}{2}\right] - \left[\frac{16}{3} - \frac{12}{2}\right]$$

அடைப்புக் குறிக்குள் இருக்கும் நிறையப் பகுதிகள் இருப்பின் அதை மிகக் கவனமாகக் கையாள வேண்டும். குறிப்பாக எதிர்க்குறியினை (மைனஸ்) உள்ளே கொண்டு வரும் போது கவனமாக இருக்க வேண்டும்.

$$A = \frac{128}{3} - \frac{48}{2} - \frac{16}{3} + \frac{12}{2}$$

$$= \frac{128 - 16}{3} - \frac{48}{2} + \frac{12}{2}$$

$$= \frac{112}{3} - \frac{36}{2}$$

$$A = 19\frac{1}{3}$$

ஒரு வளைவரையின் அடியில் அமையும் பரப்பைக் கண்டறிவதற்காக (area under the curves integrate) ஒவ்வொரு சார்பிற்கும் ஒவ்வொரு குறுக்கு வழி சூத்திரம் (short cut formula) உள்ளது.

(உதாரணத்திற்கு $y = x^n$ -க்குத் தொகையீடு $\int y dx = \frac{x^{n+1}}{n+1}$ அதுபோல் $y = \sin x$ -க்கு $\int y dx = -\cos x$

ஒரு சில முக்கியமான சார்பிற்கான சூத்திரங்கள் அட்டவணை 8.1-இல் கொடுக்கப்பட்டுள்ளன. இங்குப் பிரச்சினை என்னவென்றால் ஒவ்வொரு வகையான சார்பிற்கும் அதிலிருந்து சிறிது வேறுபட்ட வேறுவேறு வகையான சூத்திரத்தைத் தான் பயன்படுத்த வேண்டும்.

எனவே தொகையீட்டில் ஆயிரக்கணக்கான சூத்திரங்கள் உள்ளன. ஆனால் அவை அனைத்தும் வேறுவேறு வித்தியாசமான சூழ்நிலைகளில் பயன்படக் கூடியவை. அவை அனைத்தையும் மொத்தமாக உள்ளடக்கிய புத்தகம் இன்று வரை எதுவும் இல்லை.

மிகவும் தெளிவாகச் சொல்ல வேண்டுமென்றால் நாம் எந்த ஒரு சார்பையும் எளிதாக வகையிட முடியும். அவை அனைத்திற்கும் வரையறுக்கப்பட்ட சூத்திரங்கள் உள்ளன. ஆனால் நம்மால் அதுபோல் எல்லாச் சார்பையும் எளிதில் தொகையிட முடியாது. ஏனென்றால் நாம் முன்பே குறிப்பிட்டது போல் தொகையீடு என்பது வகையீட்டிற்கு எதிர் செயல் முறைதான்.

நாம் இப்போது ஒரு சார்பை தொகையிட வேண்டுமென்றால் அந்தச் சார்பு எதோ ஒரு சார்பின் வகையீடாக அமைய வேண்டும். அப்படி அமைந்திருந்தால் மட்டுமே நம்மால் அந்த அந்தச் சார்பின் தொகையீட்டிற்கான சூத்திரத்தைப் பெற முடியும். குழப்பமாக இருக்கிறதா? இப்போது தெளிவாகப் பார்க்கலாம். உதாரணத்திற்கு நாம் $f(x)$ என்ற சார்பைத் தொகையிட (integrate) வேண்டும் என்று வைத்துக் கொள்ளுங்கள். $f(x)$ என்ற சார்பைத் தொகையிட்டால்

(integrate) நமக்குக் கிடைக்கும் சார்பு g(x) எனக் கொள்ளுங்கள். இப்போது நமக்குத் தெரியும் g(x)–ஐ வகையிட்டால் நமக்கு f(x) கிடைக்கும்.

எனவே நாம் f(x) என்ற சார்பின் தொகையீட்டின் சூத்திரத்தைக் (formula for integration) கண்டுபிடிக்க வேண்டுமென்றால் அது ஏதோ ஒரு சார்பின் வகையீடாக இருக்க வேண்டும். இப்போது புரிகிறதா?

நாம் தொகையிட (integrate) நினைக்கும் எல்லாச் சார்புகளும் ஏதோ ஒரு சார்பின் வகையீடாகத்தான் இருக்கும் என்று நம்மால் உறுதியாகக் கூற இயலாது. அதனால் தான் நாம் நினைக்கும் எல்லாச் சார்பிற்கும் தொகையீட்டிற்கான சூத்திரத்தைக் (formula for integration) கண்டறிவது கடினம்.

பொறியியல் மற்றும் அறிவியலின் மற்ற அனைத்து பிரிவுகளிலும் ஏகப்பட்ட குழப்பத்திற்குரிய சிக்கலான பல்வேறு சமன்பாடுகளும் சார்புகளும் உள்ளன. அவற்றை மிக வளர்ச்சியடைந்த தொழில்நுட்பத்தைக் கொண்ட கணினிகளால் கூடத் தீர்க்க இயலாது. உதாரணத்திற்குத் தீர்வே இல்லாத ஒரு சார்பைத் தொகையிட (integrate) வேண்டுமென்றால் அதாவது அந்தச் சார்பிற்கான வளைவரையின் அடியில் உள்ள பரப்பைக் (area under the curve for that particular function) கண்டறிய வேண்டுமெனில் எவ்வாறு கண்டறிவது?

இது போன்ற கணக்குகளுக்கு வரையறுக்கப்பட்ட எந்த ஒரு சூத்திரங்களும் கிடையாது. இங்குதான் நாம் எண்ணியல் தொகையீட்டு (Numerical Integration) முறைகளைப் பயன்படுத்த வேண்டும். அதாவது நாம் முதலில் செய்தோம் அல்லவா? வளைவரைக்குக் கீழ் உள்ள பரப்பைச் சிறு சிறு செவ்வகத்துண்டுகளாகப் பிரித்து ஒவ்வொன்றின் பரப்பையும் தனித்தனியாகக் கண்டறிந்து அவற்றை எல்லாம் கூட்ட வேண்டும். ஆனால் அதில் கிடைக்கும் விடையின் துல்லியத்தன்மையை நம்மால் உறுதியாகக் கூற இயலாது. நாம் வளைவரைக்குக் கீழ் உள்ள பரப்பை எத்தனை செவ்வகத் துண்டுகளாகப் பிரிக்கிறோமோ அதுதான் மொத்த பரப்பின் துல்லியத்தன்மையைத் தீர்மானிக்கும்.

உதாரணத்திற்குப், பரப்பை நாம் ஆயிரம் செவ்வகங்களாகப் பிரிப்போம் எனக் கொண்டால் அதில் கிடைக்கும் விடையானது

ஓரளவு துல்லியமாக இருக்கும். அதாவது ஆயிரம் செவ்வகங்களுக்கும் பரப்பைத் தனித்தனியாகக் கண்டறிந்து அதைக் கூட்ட வேண்டும். இங்கு ஒவ்வொரு செவ்வகத்தின் அகலம் சமமாக இருந்தாலும் உயரம் வெவ்வேறாக எனவே இதை நாம் வெறும் பேனா பேப்பரை வைத்துக் கொண்டு எழுதித் தீர்க்க இயலாது. கணினியின் உதவியுடன் மட்டுமே எளிதாகத் தீர்க்க முடியும்.

பொறியியல் மற்றும் அறிவியலின் மற்ற பிரிவுகளில் உள்ள பல நடைமுறைக் கணக்குகளில் உண்டாகும் சார்புகள் (functions and equations) வெறும் x மற்றும் y என்ற இரு பரிமாணங்களைப் (two dimensions) பொருத்து மட்டும் அமைவதில்லை. அவை மூன்று பரிமாணங்களிலோ (x,y,z) (three dimensions) அல்லது நான்கு பரிமாணங்களிலோ (x,y,z,t) (four dimensions) அமையலாம். இரு பரிமாணங்களுக்கு (two dimension x,y) நாம் ஒரு தடவை தொகையீடு (integration) செய்ய வேண்டும். மூன்று பரிமாணங்களுக்கு (three dimension x,y,z) இரட்டை தொகையீடு (double integration) செய்ய வேண்டும். நான்கு பரிமாணங்களுக்கு (four dimension x,y,z,t) மும்மைத் தொகையீட்டைச் (triple integration) செய்ய வேண்டும்.

இப்போது வளைவரைக்குக் கீழுள்ள பரப்பை 1000 துண்டுகளாகப் பிரித்தால் இரு பரிமாணங்களுக்கு (two dimension x,y) 1000 தடவை பரப்பைக் கண்டறிய வேண்டும். அதுவே ஒரு பரிமாணத்தை (z) கூடுதலாகச் சேர்த்தால் பிரிக்கப்பட்ட செவ்வகங்களின் எண்ணிக்கை இன்னும் 1000 மடங்காக உயரும். அதாவது 1000000 தடவை கணக்கைச் செய்ய வேண்டி இருக்கும்.

இந்த மாதிரி கணக்குகளில் வரும் சார்பிற்குத் தொகையீட்டுச் சூத்திரம் (integral formula) இருந்தால் இவற்றை ஓரிரு வினாடிகளில் கண்டுபிடித்து விடலாம். எனவே நமக்குத் தொகையீடானது வெறும் எண்களின் வரிசையாக மட்டும் இல்லாது எப்போதும் ஒரு சார்பாக அமையவும் வேண்டும்.

அதனால்தான் நுண்கணிதத்தில் (calculas) வகையீட்டை (differentiate) விடத் தொகையீடு (integration) மிகப் பெரிய பிரச்சனையாக உள்ளது. பொதுவாக எந்த ஒரு சமன்பாட்டையும் வகையீடு (differentiate) செய்ய முடியும். ஆனால் தொகையீடு (integration) செய்வது கடினம். எப்போதும் மூடப்பட்ட இடைவெளியில் (closed intervals) தொகையீடு (integration) செய்யும் போது ஒரு குறிப்பிட்ட பொதுவான சார்பை நாம் பெற முடியாது. ஒரு எண்தான் நமக்குப் பதிலாகக் கிடைக்கும். பல்வேறு சூழ்நிலைகளில் இதுவே நமக்குப் போதுமானதாக உள்ளது.

08

தொகையீடு செய்வதற்கான வழிமுறைகள் (METHOD OF DOING INTEGRATION)

நம்மால் ஒரு சில சார்புகளுக்கு (function) தொகையீடு (integration) கண்டறிய முடியாது. அது போன்ற சார்புகளுக்கு (function) உரிய பரப்பும் (area) கண்டறிய முடியாது. நாம் முன்னரே குறிப்பிட்டது போல, நாம் ஒரு சார்பை (function) தொகையிட (integrate) வேண்டுமென்றால், அது ஏதோ ஒரு சார்பின் (function) வகையீடாக (derivative) இருக்க வேண்டும். எனவே நாம் தொகையிட (integrate) நினைக்கும் அனைத்து சார்புகளும் ஏதோ ஒரு சார்பின் (function) வகையீடாகத்தான் (differentiation) இருக்கும் என்று நம்மால் உறுதியாகக் கூற இயலாது. ஒரு சில சார்புகளை (function) வேறு எந்தச் சார்பை வகையிடுவதின் (differentiation) மூலமும் பெற முடியாது. இது போன்ற சார்புகளுக்கு (function) பொதுவான தொகையிடுதல் சூத்திரம் (integral formula) என்பது கிடையாது. அந்தச் சார்புகளின் (function) வளைவரைக்குக் (curve) கீழ் அமையும் பரப்புகளை (area) ஒரு பொதுவான சார்பினால் (function) நம்மால் குறிக்க இயலாது. நமக்கு வேண்டிய குறிப்பிட்ட பரப்பின் (area) மதிப்புகளை மட்டும் எண்ணியல் தொகையீட்டு முறைகள் (Numerical Integration Methods) மூலம் கண்டறியலாம். பரப்பின் (area) மதிப்பை மட்டும் கண்டறிய இந்த முறை போதுமானதாக இருக்கும். எப்படியோ

தொகையீட்டைப் (integration) பொறுத்தவரை பரப்பிற்கான (area) பொதுவான சார்பு (general equation) ஒரு சில இடங்களில் மட்டுமே கிடைக்கும். அட்டவணை 8.1 ஆனது ஒரு சில பொதுவான சார்புகளுக்கான (function) தொகையீட்டின் (integration) குறுக்கு வழி சூத்திரத்தைக் (shotcut formula) கொடுக்கிறது.

S.No	y	$\int y \, dx$
1	$a.x^n$	$a.\dfrac{x^{n+1}}{n+1}$
2	$\dfrac{a}{x}$	$a \log_e x$
3	$(ax+b)^{-1}$	$\dfrac{1}{a}\log(ax+b)$
4	a^x	$\dfrac{a^x}{\log a}$
5	$\sin x$	$-\cos x$
6	$\cos x$	$\sin x$
7	$\operatorname{cosec}^2 x$	$-\cot x$
8	$\sec^2 x$	$\tan x$
9	$\sec x \tan x$	$\sec x$
10	$\dfrac{1}{1+x^2}$	$\tan^{-1} x$
11	$\dfrac{1}{\sqrt{1-x^2}}$	$\sin^{-1} x$

12	$e^{ax} \sin bx$	$\dfrac{e^{ax}}{a^2 + b^2}(a\sin bx - b\cos bx)$
13	$e^{ax} \cos bx$	$\dfrac{e^{ax}}{a^2 + b^2}(a\cos bx + b\cos bx)$
14	$\dfrac{1}{x^2 - a^2}$	$\dfrac{1}{2a}\log_e \dfrac{x - x}{x + a}$
15	$\dfrac{1}{x^2 + a^2}$	$\dfrac{1}{2a}\tan^{-1}\dfrac{x}{a}$
16	e^x	e^x

அட்டவணை 8.1: ஒரு சில பொதுவான சார்பு வடிவங்களின் தொகையீட்டிற்கான அட்டவணை (sample table of integral formulas for some common function)

பயிற்சி கணக்குகள் (Exercise Problems):

$y = 4x - x^2$ என்ற பரவளையத்தில் (parabola) $x = 0$, $x = 4$ மற்றும் x அச்சு என்ற எல்லைகளுக்கு உட்பட்ட பரப்பைக் (area) காண்க.

தீர்வு :

படி 1: முதலில் தேவையான வளைவரை (curve), மற்றும் கொடுக்கப்பட்ட எல்லைகளை வரைபடத்தில் வரைந்து கொண்டு அதில் $x = 0$ மற்றும் $x = 4$ என்ற எல்லைகளுக்கு உட்பட்ட பரப்பை (area) குறிப்பிட்டுக் கொள்ளவும். மேலும் வளைவரையானது (curve) x அச்சுக்கு மேலேதான் அமைகிறது என்பதை உறுதிப்படுத்திக் கொள்ளவும்.

x	0	1	2	3	4
$4x - x^2$	$0 - 0$	$4 - 1$	$8 - 4$	$12 - 9$	$16 - 16$
y	0	3	4	3	0

அட்டவணை 8.2: $y = 4x - x^2$ என்ற வளைவரையில் மீது உள்ள புள்ளிகள்

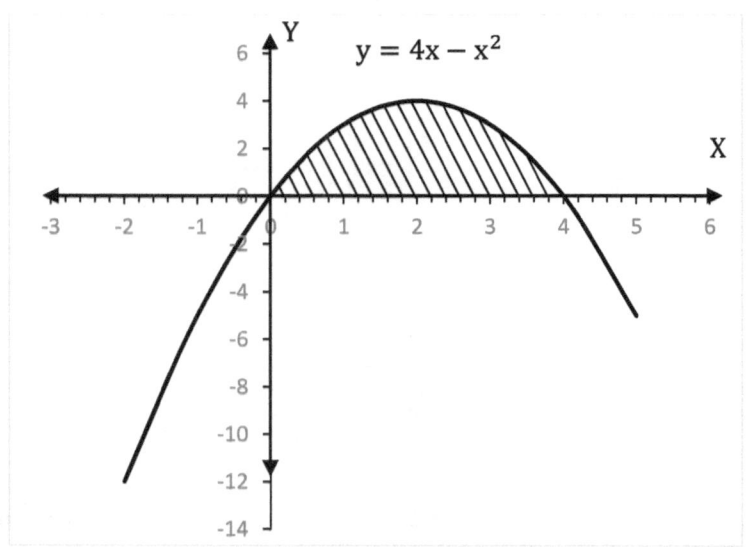

படம் 8.1: y=4x-x² என்ற வளைவரையின் கீழ் உள்ள பரப்பு

படி 2: இங்கு மொத்த பரப்பும் (area) x அச்சுக்கு மேலே அமைந்துள்ளது என்பதைக் கவனிக்க. எனவே பரப்பின் (area) மதிப்பானது மிகை எண்ணாகக் (positive number) கொள்ளப்படுகிறது. ஒரு வேளை பரப்பானது x அச்சுக்குக் கீழே அமைந்தால் அந்தப் பரப்பைக் குறை (negative number) எண்ணாகக் கொள்ள வேண்டும்.

படி 3: தொகையீட்டுத் தத்துவப்படி (Principle of Integration), வளைவரைக்குக் கீழ் உள்ள பரப்பில் dx அகலமும் y-ன் சராசரி உயரமும் கொண்ட ஒரு சிறிய செவ்வகத்துண்டை வரைந்து கொள்ளவும். அதன் பரப்பானது (area) $dA = ydx$. (பரப்பு = சராசரி உயரம் × அகலம்).

படி 4: இப்போது $dA = ydx$ என்ற கோவையைத் தொகையிடுவதற்கு (integrate) முன்பு முதலில் y-க்கு பதிலாக $y = 4x - x^2$ என்ற சார்பை (function) பிரதியிட்டுக் கொள்ளவும்.

$$dA = \left(4x - x^2\right) dx$$

படி 5: இப்போது $4x$ மற்றும் x^2-ஐ $x = 0$ மற்றும் $x = 4$ என்பதை எல்லையாகக் கொண்டு தொகையிடுவோம் (integrate).

$$\int_0^4 dA = \int_0^4 4x\,dx - \int_0^4 x^2\,dx$$

$$= \left[\frac{4x^2}{2} - \frac{x^3}{3} \right]_0^4$$

$$= \left[\frac{4(4)^2}{2} - \frac{4^3}{3} \right] - (0 - 0)$$

$$= \frac{64}{2} - \frac{64}{3}$$

$$= \frac{3(64) - 2(64)}{6}$$

$$= \frac{192 - 128}{6}$$

$$= \frac{64}{6}$$

$$= \frac{32}{3}$$

$$\text{Area, } A = \frac{32}{3}$$

தேவையான பரப்பு, $A = 10\frac{2}{3}$ சதுர அலகுகள் (square units).

எனவே $y = 4x - x^2$ என்ற பரவளையத்தின் (parabola) $x = 0$ மற்றும் $x = 4$ என்ற எல்லைகளுக்கு உட்பட்டு அமையும் பரப்பின் (area) மதிப்பு $\frac{32}{3}$ சதுர அலகுகள் ஆகும். மேலும் இந்த எல்லைகள் கொடுக்கப்படவில்லை என்றாலும் நம்மால் தொகையிட (integrate) முடியும் என்பதை நினைவில் கொள்க.

அதாவது,

$$\int dA = \int 4x - x^2 \, dx$$

பரப்பு (area) $A = 2x^2 - \dfrac{x^3}{3} + c$

இங்கு C என்பது எண்ணளவு தெரியாத மாறிலியாகும் (Arbitrary Constant). இந்த C -யின் மதிப்பானது எல்லா விதமான எல்லைகளுக்கும் பொருந்தக்கூடிய ஒரு மதிப்பாகும். மேலும் இந்தப் பரப்பிற்கான சார்பை வகையீடு (differentiate) செய்தால் *இந்த C என்ற மாறிலி* (constant) காணாமல் போய் $y = 4x - x^2$ என்ற அசலான சார்பே (original function) மீண்டும் கிடைத்து விடும்.

எல்லைகள் (limits) கொடுக்கப்பட்டால் C என்ற மாறிலி ஏன் வருவதில்லை என்ற கேள்வி எழுகிறதல்லவா? அதற்கான பதிலை இப்போது காணலாம்.

உதாரணத்திற்கு $y = x^2$ என்ற சார்பை (function) $x = a$ மற்றும் $x = b$ என்ற எல்லைகளுக்கு (limits) உட்பட்டு தொகையீடு (integration) செய்வோம்.

தேவையான பரப்பு, $\displaystyle\int_a^b dA = \int_a^b y \, dx$

$$= \int_a^b x^2 \, dx$$

$$= \int_a^b x^2 \, dx$$

$$= \left[\frac{x^3}{3} + C \right]_a^b$$

$$= \frac{b^3}{3} + C - \left(\frac{a^3}{3} + C \right)$$

$$= \frac{b^3}{3} + C - \frac{a^3}{3} - C$$

எல்லைகளைப் (limits) பிரதியிட்ட பின் C-ன் மதிப்பு மேற்புற எல்லை (upper limits) மற்றும் கீழ்புற எல்லை (lower limits) ஆகிய இரு பகுதிகளிலும் வருவதால் அது நீக்கப்படுகிறது.

எனவே தேவையான பரப்பு, $A = \int_a^b dA = \frac{b^3}{3} - \frac{a^3}{3}$

எடுத்துக்காட்டு:

பின்வரும் சார்புகளின் (function) தொகையீட்டிற்கான (integration) மதிப்பைக் கண்டறிக.

i) $f(x) = x^2 - 2x + 3$, x = 0 மற்றும் x = 1

$\int_0^1 x^2 - 2x + 3 \, dx$, தொகையிட (integrate) வேண்டிய இந்தச் சார்புதான் (function) தொகையீட்டு சார்பு (integral function) என்றழைக்கப்படுகிறது.

தீர்வு:

இப்போது கொடுக்கப்பட்டுள்ள சார்பை (function) ஒவ்வொரு பகுதியாகத் தொகையிடலாம் (integrate). இப்போது மூன்றாவது பகுதியில் வெறும் 3 என்ற எண் மட்டுமே உள்ளது. அதை $3x^0$ என எடுத்துக் கொள்ளலாம். $(\because x^0 = 1)$

$$\int_0^1 x^2 - 2x + 3 \, dx = \left[\frac{x^{2+1}}{2+1} - \frac{2x^{1+1}}{1+1} + \frac{3x^{0+1}}{0+1} \right]_0^1$$

$$= \left[\frac{x^3}{3} - \frac{2x^2}{2} + \frac{3x^1}{1} \right]_0^1$$

இங்கு x-க்குப் பதிலாக முதலில் மேற்புற எல்லையை (upper limit) பிரதியிட்டு அதன்பிறகு கீழ்புற எல்லையை (lower limit) பிரதியிட்டுக் கழிப்போம். அப்போது C என்ற மாறிலியின் (constant) மதிப்பானது அடிபட்டு விடுகிறது.

இங்கு C என்ற மாறிலி வருவதில்லை. ஏனென்றால் எல்லைகள் (limits) தெரிந்துள்ளன. இந்த மாதிரியான தொகையீட்டினை (integration) திட்டமான தொகையீடு (definite Integral) எனலாம்.

$$\int_0^1 x^2 - 2x + 3 \, dx = \frac{1}{3} - \frac{2}{2} + 3 - (0 - 0 + 0)$$

$$= \frac{2 - 6 + 18}{6}$$

$$= \frac{14}{6}$$

$$= \frac{7}{3} \text{ சதுர அலகுகள் (Square units)}$$

மேலும் எல்லைகள் (limits) தெரியவில்லையென்றால், C என்ற மாறிலியைத் தொகையிடப்பட்ட சார்புடன் (integral function) கூட்ட வேண்டும். சார்பில் (function) உள்ள மற்ற பகுதிகள், அதாவது x, y என்பவை அதன் வடிவத்தைத் (Shape of the curve) தீர்மானிக்கின்றன. C-யின் மதிப்பானது வளைவரை எந்த இடத்தில் இருக்க வேண்டும் (position of the curve) என்பதை நமக்குச் சொல்கிறது. C-க்குப் பதிலாக வெவ்வேறு மதிப்புகளைப் பிரதியிடுவதன் (substituting different values for x) மூலம் ஒரே வடிவம் கொண்ட பல்வேறு வளைவரைகள் (curves) நமக்கு வேறு வேறு இடங்களில் கிடைக்கின்றன. உதாரணத்திற்கு,

$y = x^2 + C$ என்ற சார்பிற்கான (function) படத்தை வெவ்வேறு C மதிப்புகளுக்கு வரைந்து பார்க்கலாம்.

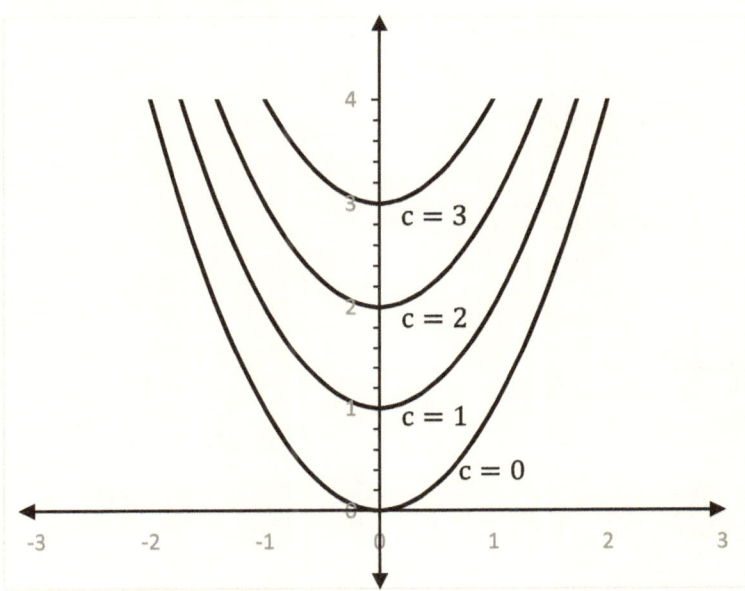

படம் 8.2: வெவ்வேறு C மதிப்புகளுக்கான $y = x^2 + C$ என்ற வளைவரையின் (curve) வெவ்வேறு வடிவங்கள் (different shapes of the curve $y = x^2 + C$ for different 'C' values)

தொகையீடு (Integration) சம்பந்தப்பட்ட ஒரு சில பயிற்சி கணக்குகள்:

பின்வரும் பகுதியில் ஒரு சில சார்புகள் (function) தொகையிடுவதற்காகக் (integrate) கொடுக்கப்பட்டுள்ளன.

இப்போது அவற்றைக் காணலாம்.

$$1. \int_{0}^{1} x^2 dx = \left[\frac{x^3}{3} \right]_{1}^{1}$$

$$\because \int x^n dx = \frac{x^{n+1}}{n+1}$$

$$= \left[\frac{1}{3} - \frac{0}{3} \right] = \frac{1}{3}$$

$$2. \int_{2}^{3} x^3 \, dx = \left[\frac{x^4}{4} \right]_{2}^{3}$$

$$= \left[\frac{3^4}{4} - \frac{2^4}{4} \right] = \frac{81}{4} - \frac{16}{4}$$

$$\int_{2}^{3} x^3 \, dx = \frac{65}{4}$$

$$3. \int_{2}^{5} (2x - 3) \, dx$$

$$\int_{2}^{5} (2x - 3x^0) \, dx = \left[\frac{2x^2}{2} - \frac{3x}{1} \right]_{2}^{5}$$

$$= \left[\left(\frac{2(5^2)}{2} - \frac{3(5)}{1} \right) - \left(\frac{2(2)^2}{2} - \frac{3(2)}{1} \right) \right]$$

இங்கு இரண்டாவது அடைப்புக்குறியின் முன் எதிர்க்குறி (negative or minus sign) வர வேண்டும். இந்த எதிர்க்குறியினை (minus sign) உள்ளே கொண்டு செல்லும் போது கவனமாகக் கொண்டு செல்ல வேண்டும். தொகையீட்டில் (integration) பெரும்பாலான பிழைகள் இங்குதான் நடக்கும்.)

$$= \frac{2(25)}{2} - \frac{15}{1} - \frac{2(4)}{2} + \frac{6}{1}$$

$$= 25 - 15 - 4 + 6$$

$$\int_{2}^{5}(2x-3)\,dx = 12$$

$$4. \int_{1}^{4}\sqrt{x}\,dx = \int_{1}^{4}x^{1/2}\,dx$$

$$= \left[\frac{x^{(1/2)+1}}{(1/2)+1}\right]_{1}^{4}$$

$$= \left[\frac{x^{3/2}}{3/2}\right]_{1}^{3}$$

$$= \frac{2(4)^{(1/2)+1}}{3} - \frac{2(1)^{(1/2)+1}}{3}$$

$$= \frac{2(4)^{1}(4)^{(1/2)}}{3} - \frac{2}{3}$$

$$= \frac{8(2)-2}{3}$$

$$= \frac{14}{3}$$

$$\therefore \int_{1}^{4}\sqrt{x}\,dx = \frac{14}{3}$$

$5. \int_{-1}^{2} \left(t^2 + t + 1 \right) dt = \left[\dfrac{t^3}{3} + \dfrac{t^2}{2} + t \right]_{-1}^{2}$

$$= \left[\left(\dfrac{2^3}{3} + \dfrac{2^2}{2} + 2 \right) - \left(\dfrac{(-1)^3}{3} + \dfrac{(-1)^2}{2} + (-1) \right) \right]$$

$$= \dfrac{8}{3} + \dfrac{4}{2} + 2 - \left(\dfrac{-1}{3} + \dfrac{1}{2} - 1 \right)$$

$$= \dfrac{8}{3} + 2 + 2 + \dfrac{1}{3} - \dfrac{1}{2} + 1$$

$$= \dfrac{9}{3} + 5 - \dfrac{1}{2} = 8 - \dfrac{1}{2}$$

$$= \dfrac{16 - 1}{2} = \dfrac{15}{2}$$

$$\int_{-1}^{2} \left(t^2 + t + 1 \right) dt = \dfrac{15}{2}$$

$5. \int_{2}^{5} \left(\dfrac{2}{7x^2} \right) dx = \dfrac{2}{7} \int_{2}^{5} x^{-2} dx$

$$= \dfrac{2}{7} \left[\dfrac{x^{-2+1}}{-2+1} \right]_{2}^{5}$$

$$= \dfrac{2}{7} \left(\dfrac{5^{-1}}{-1} - \dfrac{2^{-1}}{-1} \right)$$

$$= \dfrac{2}{7} \left(\dfrac{-1}{5} + \dfrac{1}{2} \right)$$

$$= \frac{2}{7}\left(\frac{-2+5}{10}\right)$$

$$\int_2^5 \left(\frac{2}{7x^2}\right) dx = \frac{3}{35}$$

6. $$\int_2^3 \left(\frac{5}{x}\right) dx = 5\int_2^3 \left(\frac{1}{x}\right) dx$$

$$= \left[5 \log x\right]_2^3$$

$$\because \left(\int \frac{1}{x} dx = \log x + c\right)$$

$$= 5\left(\log 3 - \log 2\right)$$

$$\int_2^3 \left(\frac{5}{x}\right) dx = 5\log \frac{3}{2} = 5\log 1.5$$

தொகையீட்டைச் (integration) சரிபார்ப்பது எப்படி?

ஏற்கனவே குறிப்பிட்டது போல நாம் செய்த தொகையீடு (integration) சரிதானா என்பதைத் தொகையிட்ட (integrate) பின் நமக்குக் கிடைத்த சார்பை (function) வகையிடுவதன் (differentiation) மூலம் தெரிந்து கொள்ளலாம்.

இப்போது நாம் $y = x^2 - 2x + 3$ என்ற சார்பை எடுத்துக் கொள்வோம்.

இதைத் தொகையிட்டால் (integrate) நமக்குக் கிடைப்பது,

$$\int y\,dx = \frac{x^3}{3} - \frac{2x^2}{2} + 3x + c$$

இப்போது நமக்குக் கிடைத்த சார்பை (function) வகையிடுவோம்.

$$\frac{d}{dx}\left(\frac{x^3}{3} - \frac{2x^2}{2} + 3x + c\right) = \frac{3x^{3-1}}{3} - 2x^{2-1} + 3x^{1-1} + 0$$

$$= x^2 - 2x + 3 = y$$

(இங்கு $\frac{d}{dx}$ ஆனது சார்பானது (function) x ஐப் பொறுத்து வகையிடப்படுகிறது (differentiate) என்பதைக் குறிக்கிறது.)

வகையிட்ட (differentiate) பின் மீண்டும் நமக்குப் பழைய அசலான சார்பே (original function) கிடைத்து விடுகிறது. எனவே நாம் செய்த தொகையீடு (integration) சரியானதுதான் என்ற முடிவுக்கு வந்துவிடலாம்.

09

பரப்பு கண்டறிதலின் (தொகையிடுதல்) பயன்பாடுகள் (APPLICATION OF AREA FINDING OR INTEGRATION)

பரப்பு கண்டறிதல் அல்லது தொகையிடுதல் அல்லது எதிர் வகையிடுதலானது (Area finding or Integration or Anti Differentiation) பல்வேறு பயன்பாடுகளைக் கொண்டுள்ளது. ஏனென்றால் அறிவியல் (Science), வணிகம் (Commerce), சமூக அறிவியல் (Social Science) சார்ந்த பல்வேறு அளவீடுகளைக் (Parameters) கணிதச் சமன்பாடுகளாக (Mathematical Equation) எழுத முடியும். மேலும் அந்தச் சமன்பாடுகள் பெரும்பாலானவை ஏதோ ஒரு சார்பின் தொகையீடாகவோ (Integration of any function) அல்லது ஏதோ ஒரு இரு மாறிகளைத் தொடர்புபடுத்தும் சார்பின் வளைவரையின் (area under the Curve that relates any two variables) கீழ் அமையும் பரப்புகளாகவே அமைகின்றன.

பின்வரும் பகுதியில் அவற்றின் ஒரு சில பயன்பாடுகள் தரப்பட்டுள்ளன. இது மட்டுமே இல்லாமல் தொகையிடுதலானது (Integration) எல்லாக் காலக் கட்டங்களிலும் தொடர்ந்து அதன் பங்களிப்பை வழங்கி வருகிறது.

பொறியியலில் உள்ள பயன்பாடுகள்: (Application in Engineering)

✦ இயந்திரவியலில் (Mechanical Engineering) ஒரு சில பொருட்களின் வடிவங்கள் சீரானவையாக இல்லாமல் அவற்றின் மேற்பரப்புகள் (surface area) வளைவரையாக இருக்கும் போது அந்தப் பொருட்களின் எடையானது (weight) அந்த மேற்பரப்பின் வளைவரைக்கான சமன்பாட்டைத் தொகையிடுவதன் மூலம் கண்டறியப்படுகிறது.

✦ ஒரு கோட்டிற்கான நீளத்தைக் கண்டறிவது எளிது. ஆனால் ஒரு வளைவரையின் துல்லியமான நீளத்தைத் (accurate length of the curve) தொகையீட்டின் மூலம் மட்டுமே நாம் கண்டறிய இயலும்.

✦ ஒரு பரப்பை ஒரு குறிப்பிட்ட அச்சைப் பற்றிச் சுழற்றுவதன் மூலம் கிடைக்கும் திண்மப் பொருட்களின் கன அளவைக் (volume of solid obtained by revolution of Area under the curve) கண்டறிய பயன்படுகிறது.

✦ செய்யப்பட்ட வேலை (work done by force), ஆற்றல், நிலைமைத் திருப்புத்திறன் (torque by applying force) இதே போல் அமையும் பல்வேறு அளவீடுகளைக் கண்டறியப் பயன்படுகிறது.

வணிகவியல் மற்றும் பொருளியல் (Commerce and Economics):

பின்வரும் அளவீடுகளைக் கண்டறியப் பயன்படுகிறது.

- தயாரிப்பு மற்றும் விற்பனைக்கு ஆகும் மொத்த செலவு (cost of production and sales)
- தேவைக்கான சார்புகள் மற்றும் வருமானம் (demand function and revenue)
- நுகர்வதற்கான மற்றும் சேமிப்பிற்கான இறுதிநிலை வருமானம் (margin revenue of consumption and saving)
- மொத்தமாக ஈட்டிய வருமானம் (total revenue)
- லாபத்தை அதிகப்படுத்த, செலவு மற்றும் வரிகளைக் குறைக்க (increasing profit and reducing cost and tax)
- முதன்மை மதிப்பைக் கண்டறிய, (capital value)

நிகழ்தகவு மற்றும் புள்ளியியலில் (Probability and Statistics):

பின்வருவனவற்றைக் கண்டறியப் பயன்படுகிறது

- ஏதேனும் ஒரு குறிப்பிட்ட விளைவிற்கான நிகழ்தகவு (Probability of any particular event),
- நிகழ்தகவு அடர்த்திச் சார்புகள் (Probability Density Function) தொடர்பான கணக்கீடுகள்

உயிரியல், சமுக அறிவியலுக்கான பயன்பாடுகள் (Application in Biology and Social Science):

- ✦ இயற்கை வளர்சிதை மாற்றம் (உதாரணம்: மக்கள் தொகை பெருக்கம், பாக்டீரியாக்களின் பெருக்கம்)
- ✦ கதிரியக்க கார்பன் வயது கணக்கீடு (Radio Carbon dating)

அறிவியலின் அனைத்து பிரிவுகளிலும் தொகையிடுதலானது எண்ண இயலாத அளவுக்குப் பல்வேறு பயன்பாடுகளைக் கொண்டிருக்கிறது.

பரப்பு கண்டறிதல் தவிர மற்ற பயன்பாடுகள்:

தொகையிடுதல் அல்லது பரப்பு கண்டறிதலின் இன்னொரு மிக முக்கியப் பயன்பாடு என்னவென்றால் அறிவியலின் மிக முக்கியமான பல்வேறு சார்புகளுக்கான சூத்திரங்களைக் (important formulas and functions) கண்டறிய பயன்படுகிறது. பல்வேறு சிக்கலான கணக்குகளில் குறிப்பாக மாறும் வீதம் சார்ந்த கணக்குகளில் உள்ள சமன்பாடுகளைத் தீர்க்க (solving problem related with rate of change) தொகையிடுதலானது மிகவும் அதிகமாகப் பயன்படுகிறது.

அறிவியலில் உள்ள பல்வேறு சார்புகளை (functions) நேரடியான சமன்பாட்டின் மூலம் தொடர்புபடுத்த முடியாது. ஆனால் அந்தச் சார்பை வகையிடுவதன் மூலம் கிடைக்கும் சார்புகள் (derivative of that functions) பல்வேறு இயற்பியல் சூழ்நிலைகளை எளிதில் கணிதவியலாக எழுத உதவுகிறது. ஒரு கணினியானது எந்தவொரு தொகையீடுகள் சம்பந்தப்பட்ட கணக்குகளையும் தீர்த்து அதற்கான பரப்பிற்கான பதிலை ஒரு எண்ணாகத் தர இயலும். அது போல்

ஒரு வளைவரையின் சாய்வை எந்தவொரு புள்ளியிலும் எளிதாகக் கண்டறிய இயலும். ஆனால் இயற்பியல் விதி சார்ந்த ஒரு சமன்பாட்டைத் தீர்த்து அதற்கான பதிலை ஒரு சூத்திரமாகவோ அல்லது சார்பாகவோ தர முடியாது. ஆனால் "Differential Equation" எனப்படும் வகையீட்டுச் சமன்பாடுகள் மூலம், எந்தவொரு இயற்பியல் விதிக்கான சமன்பாடுகளையும் தீர்த்து வைக்க முடியும்.

தற்போதைய காலத்தில் கணினியால் செய்ய முடியாத இந்த வேலையை எதிர்காலத்தில் கணினியே இதை எளிதில் செய்யுமாறு ஆகிவிடும் என்று கூட நாம் நம்பலாம். அப்படி நடக்கும் போது இன்று வெறும் கனவு மட்டுமே என்று நினைக்கும் பல்வேறு விஷயங்கள் சாத்தியமாகலாம்.

10

வகைக்கெழுச் சமன்பாடுகள் (DIFFERENTIAL EQUATIONS)

எதிர் எதிர்த் துருவங்களான வகையீடும் தொகையீடும் (Differentiation and Integration) ஒரு புள்ளியில் ஒன்று சேரும் இடம்தான் இந்த வகைகெழுச் சமன்பாடுகள் (Differential Equations) ஆகும். இங்கிருந்துதான் மொத்த வேலையும் ஆரம்பிக்கிறது. இந்த வகைக்கெழுச் சமன்பாட்டின் (Differential Equations) பயன்பாடுகள் மகத்தானவை. இதுவரைக்கும் சரி இனிமேலும் சரி இந்த வகைக்கெழுச் சமன்பாட்டின் (Differential Equations) முழுப் பயன்பாடுகளையும் நேரடியாகவோ அல்லது செயல்முறையாகவோ யாரும் பயன்படுத்தியதில்லை. ஒருவேளை இதன் முழுப்பலன்களையும் நாம் அனுபவிக்கும் காலம் வந்தால், நம்மால் செல்ல இயலாது என்று நினைக்கிற ஒரு கிரகத்திற்குச் செல்லக் கைகூடும், இந்த அண்டத்தின் எல்லையைக் கூட நம்மால் அடைய இயலும், ஏன் வேற்றுக் கிரகத்தில் ஏதேனும் உயிரினங்கள் இருந்தால் கூட அவற்றோடு தொடர்பு கொள்ளக் கூடிய நிலை வரலாம், இந்த வாழ்க்கையின் மற்றொரு புறத்தைக் கூடத் தெரிந்து கொள்ள முடியும். (இவையெல்லாம் உறுதியெனக் கூற இயலாது.) நம் உடலில் ஏற்படும் வளர்சிதை மாற்றம் (Metabolic Function) மற்றும் வயதாகுதல் என்பது தானாகவே நடக்கும் படிதான் நம்

உடல் செயல்முறை அமைந்துள்ளது. காலம் செல்லச் செல்ல நம் உடல் பாகங்கள் பழுதடையத் தொடங்குகின்றன. அந்த வளர்சிதை மாற்றங்களின் செயல்முறைகளுக்குப் பின்னால் உள்ள கணிதத்தைத் துல்லியமாகத் தெரிந்து கொண்டால் உறுப்பு மாற்று அறுவை சிகிச்சையில் சாத்தியமில்லை என்று சொல்லப்படுகின்ற பல்வேறு விஷயங்கள் அப்போது சாத்தியமாகலாம்.

இப்போது உதாரணமாக, ஒரு சாதாரண இயற்பியல் நிகழ்வை (physical event) கணிதச் சார்பாக அல்லது சூத்திரமாக (mathematical functions or formulas) வகையீடு மற்றும் தொகையீட்டைப் பயன்படுத்தி எவ்வாறு எழுதுவது எனக் காணலாம்?

இந்த உதாரணம் அவ்வளவு பெரிய கம்ப சூத்திரம் அல்ல. ஆனால் இதன் மூலம் ஒரு இயற்பியல் சூத்திரம் அல்லது சார்பின் (function) பின்னால் உள்ள அடிப்படைக் கொள்கைகளை நம்மால் புரிந்து கொண்டு அது சார்ந்த கணக்குகளையும் பிரச்சினைகளையும் எளிதில் தீர்க்க இயலும். இப்போது நாம் பார்க்கும் உதாரணத்தைச் சோதித்துப் பார்க்கப் பெரிய விலையுயர்ந்த அளவிடும் சாதனங்கள் ஒன்றும் தேவை இல்லை. ஒரு சாதாரணக் கைக்கடிகாரம் மற்றும் வெப்பநிலைமானி (Thermometer) போதும்.

இங்குக் கணிதவியலின் ஒவ்வொரு செயல்முறையையும் மிகத் துல்லியமாக நாம் பார்க்கத் தேவையில்லை. ஏனென்றால் நாம் இதுவரை பார்த்த விளக்கத்தின் உண்மையை மட்டும்தான் இப்போது விவரிக்கப் போகிறோம்.

வகைக்கெழுச் சமன்பாடு அமைப்பதற்கான உதாரணம்: (Example of forming Differential Equation)

ஒரு வெப்பநிலைமானியை (thermometer) ஒரு குளிர்சாதனப் பெட்டியின் (Refrigerator) உள்ளே சிறிது நேரம் வைத்து விட்டு அதை வெளியே எடுப்போம். இப்போது குளிர்சாதனப்பெட்டியின் உள்ளே வெப்ப நிலை (temperature) அளவானது 5^0C எனக் காட்டுகிறது. இப்போது, வெப்பநிலையானது நேரத்தைப் பொறுத்து மாறும் வீதத்தை (rate of change of temperature with respect to time) ஒரு சூத்திரத்தின் (formula) மூலம் நம்மால் எழுத இயலுமா?

உதாரணத்திற்கு ஒரு நிமிடம் கழித்து வெப்பநிலைமானி காட்டும் வெப்பநிலை (temperature shown by thermometer after one minute) அளவு என்ன? 95 வினாடிகள் கழித்து வெப்பநிலை என்ன? இது போன்ற நிகழ்வுகளைக் கணிதவியலில் குறிப்பதற்குச் சூத்திரமே இல்லாமல் கூட இருக்கலாம் அல்லது ஒவ்வொரு முறை முயற்சிக்கும் போது கூட வேறுவேறு மதிப்புகள் கிடைக்கலாம். எப்படி இதை நாம் சொல்வது? இந்த நிகழ்வை நீங்கள் சரிபார்க்கத் துல்லியமாக அளவிடப்பட்ட ஒரு வெப்பநிலைமானியும் (thermometer) கைக்கடிகாரமும் இருந்தால் போதும். குளிர்சாதனப் பெட்டியிலிருந்து வெப்பநிலைமானியை (thermometer) எடுத்த உடன் நிறுத்து கடிகாரத்தை (stop watch) ஆரம்பிக்கவும். இப்போது வெப்பநிலைமானி (thermometer) வெளியில் இருப்பதால் அது காட்டும் வெப்பநிலையானது தொடர்ந்து அதிகரித்துக் கொண்டே இருக்கும். கைக்கடிகாரத்தைச் சரியாக இயக்க ஆரம்பித்த நேரத்தை '0' வினாடி எனவும் அதற்குரிய வெப்பநிலையையும் ஒரு அட்டவணையில் குறிப்பிட்டு அதன்பிறகு ஒவ்வொரு வினாடிக்கும் வெப்பநிலைமானி (thermometer) காட்டும் அளவைத் தொடர்ந்து குறித்துக் கொண்டே வர வேண்டும். இதைப் போல ஐந்து நிமிடம் வரை தொடர்ந்து அளவுகளைக் குறிக்கவும். (சோதனையைச்செய்யும் போது வெப்பநிலைமானியின் (thermometer) மீது சூரியஒளி படாமல் பார்த்துக் கொள்ளவும். ஏனெனில் அது வெப்பநிலை அதிகரிக்கும் வீதத்தைக் கூட்டிவிடும். அதுபோல் வெப்பநிலைமானியின் மீது மூச்சுக்காற்று பட்டால் கூட அதன் வெப்பநிலை மதிப்புகளின் துல்லியத்தன்மை (accuracy) பாதிக்கப்படும்.

ஒவ்வொரு 30 வினாடிக்கும் உள்ள வெப்பநிலை அளவை முடிந்த அளவு துல்லியமாக அளவிட்ட பின்பு அதை ஒரு வரைபடத்தில் (graph sheet) குறிக்கவும். வரைபடத்தின் (graph) கிடைத்தள அச்சில் (horizontal axis – x axis) நேரத்தையும், செங்குத்து அச்சில் (vertical axis – y axis) வெப்பநிலையையும் (temperature) எடுத்துக் கொள்க. இந்த ஒரு சோதனையைச் செய்து பார்த்தால் பின்வரும் மதிப்புகள் கிடைக்கின்றன.

ஒவ்வொரு 30 வினாடிக்கும் வெப்பநிலையைக் (temperature) குறிக்கும் போது முடிந்த வரை அதன் அளவை துல்லியமாகக் குறித்துக் கொள்ளவும். இவை சோதனை மதிப்புகள் (experimental data) என அழைக்கப்படுகின்றன. ஏன் என்றால் இது “கருத்தாக்கம்” (theory) இல்லை.

கணித செயல்முறை வழியில் இந்தச் சூழ்நிலையை அணுகினால் அது பகுப்பாய்வு (analytical) அல்லது கருத்தாய்வு (theoretical) முறை எனப்படும் அது எப்படி? பின்னால் பார்போம்

நேரம் (t) - நிமிடம்	0	0.5	1	11.5	2	2.5	3	3.5	4
வெப்பநிலை T - ºF (சோதனை மூலம்- Experimental)	37.4	44	47	51	54.5	58	60	62.5	65

அட்டவணை 10.1: ஒவ்வொரு வினாடிகளுக்கும் எடுக்கப்பட்ட வெப்பநிலை (temperature) மதிப்புகள்

இப்போது நாம் கணிதச் செயல் முறையைப் பயன்படுத்தி முன்னால் கேட்ட கேள்விக்கு விடையைக் கண்டுபிடிக்க முயல்வோம். இதை நாம் நியூட்டனின் குளிரூட்டும் விதியிலிருந்து (Newton law of cooling) ஆரம்பிக்கலாம். இந்த விதியை குளிரூட்டல் மட்டும் அல்ல வெப்பப்படுத்தும் சூழ்நிலையிலும் பயன்படுத்த முடியும். இந்த விதியானது ஒரு குளிர்ந்த நிலையிலுள்ள ஒரு பொருள் [குளிர்சாதனப் பெட்டியில் இருந்து எடுக்கப்பட்ட வெப்பநிலைமானி] நிலையான வெப்பநிலையில் உள்ள வேறு ஒரு ஊடகத்திற்கு [சாதாரண அறையில் உள்ள காற்றின் வெப்பம் நிலை] கொண்டு வரப்படுமேயானால், அந்தப் பொருளின் வெப்பநிலையில் ஏற்படும் மாற்ற வீதம் (rate of change of temperature of an object with respect to time) அந்தப் பொருளின் வெப்பநிலைக்கும் ஊடகத்தின் வெப்பநிலைக்கும் இடையே உள்ள வித்தியாசத்திற்கு (difference in temperature between an object and medium) நேர்த்தகவில் (directly proportional) இருக்கும்.

இந்த விதியை பின்வரும் சூழ்நிலைக்கும் நம்மால் கூற இயலும். இப்போது ஒரு பொருளானது நெருப்பில் வைக்கப்படும் போது அந்தப் பொருளின் வெப்பநிலையானது அதிகரிக்கும் வீதம் (rate of increase in temperature of an object) நெருப்பின் வெப்பநிலைக்கும்

அந்தப் பொருளின் வெப்பநிலைக்கும் இடையே உள்ள வித்தியாசத்திற்கு நேர்த்தகவில் இருக்கும். (directly proportional to the difference in temperature between the object and fire)

கணிதவியலில் இந்த விதியைப் பின்வருமாறு எழுதலாம். வெப்பநிலை (temperature) –T என்று எழுத்தாலும், நேரத்தை 't' என்ற எழுத்தாலும் குறிக்கவும்.

வெப்பநிலை காலத்தைப் பொருத்து மாறும் விதம் (rate of change of temperature with respect to time),

நியூட்டனின் குளிரூட்டும் விதிப்படி (According to Newton law of cooling)

$$\frac{dT}{dt} \propto (T-S)$$

T- பொருளின் வெப்பநிலை (ஆரம்ப வெப்பம் நிலை $37°F$)

S – ஊடகத்தின் வெப்பநிலை (அறையின் தொடக்க

வெப்பநிலை $= 76°F$)

$$\frac{dT}{dt} = k(T-S)$$

k = விகித மாறிலி (constant of proportionality)

இந்த அடிப்படை சூத்திரத்தைக் கண்டறிந்து எழுதுவதுதான், இங்குக் கொஞ்சம் யோசிக்க வேண்டிய இடம். மற்றபடி மீதம் உள்ள அனைத்தும் சாதாரணத் தொகையீடு (integration) சார்ந்த வேலைதான்.

கணிதவியல் செயல் முறைகள் :

இப்போது நமக்குக் கிடைத்த சூத்திரமானது (formula)

$$\frac{dT}{dt} = K(T-S).$$

இதைக் கொஞ்சம் மாற்றியமைப்போம்.

$$\frac{dT}{T-S} = Kdt$$

அதாவது T சார்ந்த சார்புகளைத் தனியாகவும் "t" சார்ந்த சார்புகளைத் தனியாகவும் பிரித்து எழுத வேண்டும். இந்த முறைக்கு "மாறிகள் பிரிக்கக்கூடியன (varaible seperable method)" என்று பெயர்.

இப்போது இருபுறமும் எதிர்வகையீடு (anti differentiation) அதாவது, தொகையீடு (integration) செய்வோம். இந்தத் தொகையீடு (integration) செய்வதின் மூலம் எந்த வளைவரைக்கும் கீழ் உள்ள பரப்பையும் (area) நாம் கண்டறியப் போவதில்லை. அது நமக்குத் தேவையும் இல்லை. நமக்குத் தேவை எதிர்வகையீடுதான் (anti differentiation). அதன் மூலம் தான் நம்மால் ஒரு பயனுள்ள சமன்பாட்டைப் (equation) பெற முடியும்.

சமன்பாட்டின் இருபுறமும் தொகையிட (integration),

$$\int \frac{dT}{T-S} = \int K\,dt$$

$$\log(T-S) = Kt + c$$

(அட்டவணை 8.1 -ல் சூத்திரம் (formula) கொடுக்கப்பட்டுள்ளது.)

இங்குத் தொகையீட்டின் எல்லைகள் (limits of integration) கொடுக்கப்படாததால் c என்ற மாறிலி பயன்படுத்தப்படுகிறது.

இப்போது இருபுறமும் e-ன் அடுக்கு (raise to the power of exponenet) எடுத்தால் log ஆனது மறைந்து விடும்.

$$\left[\because e^{\log x} = x \right]$$

$$e^{\log(T-S)} = e^{(kt-c)}$$

$$T - S = e^{kt+c}$$

$$= e^{kt}.e^{c}$$

e & c ஆகிய இரண்டுமே மாறிலிகள்தான் (constants). எனவே e^c என்பது இன்னொரு மாறிலியாகத்தான் (constants) இருக்கும். எனவே $e^c = C$ என்றே நாம் எடுத்துக் கொள்ளலாம்.

$$\therefore \ T - S = e^{kt} . C$$

$$T = S + C.e^{kt}$$

இப்போது மேற்கண்ட சார்பில் C & k என்ற இரு மாறிலிகள் (constants) உள்ளன. வெப்பநிலைக்கென்று (temperature) குறிப்பிட்ட தனித்த சூத்திரம் (specific formula) வேண்டுமெனில் நாம் k மற்றும் C-க்கான மதிப்புகளைக் கண்டறிந்து, மேற்கண்ட சார்பில் (function) பிரதியிட வேண்டும். இந்த மதிப்புகளைக் கண்டறிய முதலில் தொடக்க நேரம் $t = 0$ -வில் வெப்பநிலை (temperature) $T = 37°F$ என்பதை எடுத்துக் கொள்வோம்.

$$T = S + Ce^{kt}$$

இப்போது t=0 எனில் T=37°F ஆகும்.

$$\therefore 37 = S + Ce^{k(0)}$$

$$= S + Ce^{0}$$

$$37 = S + C$$

மேலும் இங்கு S ஆனது அறையின் வெப்பநிலையைக் (room temperature) குறிக்கிறது.

அதாவது, $S = 76°F$

$$37 = 76 + C$$

$$C = 37 - 76$$

$$C = -39$$

இப்போது T -க்கான சமன்பாடானது,

$$T = 76 - 39e^{kt}$$

இப்போது மேற்கண்ட சமன்பாட்டில் உள்ள "K" மதிப்பைக் கண்டறிவதற்கு, நமக்கு இன்னொரு ஜோடி t, T-ன் மதிப்புகள் தேவை. எனவே அட்டவணை 10.1 ல் இருந்து,

T = 2 நிமிடம் என்னும் போது T = 54.5°F என உள்ளது.

இதைப் பிரதியிடும் போது,

$$54.5 = 76 - 39e^{2k}$$

$$54.5 - 76 = -39e^{2k}$$

$$-21.5 = -39e^{2k}$$

$$e^{2k} = \frac{21.5}{39}$$

$$e^{2k} = 0.551$$

$$2k = \log 0.551$$

$$2k = -0.596$$

$$k = -0.298$$

இப்போது நமக்கு முழுமையான சமன்பாடு (equation) கிடைத்து விட்டது,

$$T = 76 - 39e^{-0.298t}$$

இதுதான் வெப்பநிலையின் முழுமையான குறிப்பிட்ட சூத்திரமாகும் (complete specific formula). இந்தச் சமன்பாட்டிலிருந்து, எந்த ஒரு நேரம் "t" -யிலும் வெப்பநிலை (temperature) "T" -ன் மதிப்பைக் கண்டறியலாம்.

உதாரணத்திற்கு ($t=3$ நிமிடம் என்னும் போது வெப்பநிலை (temperature) "T" என்னவென்று காணலாம். பின்பு சமன்பாட்டின் மூலம் கிடைக்கும் மதிப்பைச் சோதனையின் மூலம் அளவிட்ட மதிப்புடன் ஒப்பிடலாம்.

$$T = 76 - 39e^{-0.298(3)}$$

$$= 76 - 39(0.409)$$

$$T = 60^{\circ}F$$

நேரம் (t) - நிமிடம்	0	0.5	1	11.5	2	2.5	3	3.5	4
வெப்பநிலை T - ºF (சோதனை மூலம்- Experimental)	37.4	44	47	51	54.5	58	60	62.5	65
வெப்பநிலை T - ºF (சமன்பாட்டின் மூலம்- Eqution)	37	42.4	47	51	54	57.4	60	62.5	64.8

அட்டவணை 10.2: சோதனை மற்றும் சமன்பாட்டின் மூலம் கிடைத்த மதிப்புகளின் ஒப்பீடு

இப்போது நாம் ஒரு பொதுவான சூத்திரத்தை (formula) உருவாக்கி அதை வளைவரையாக வரைபடத்தில் வரைந்து விட்டோம். இப்போது வேறு ஒரு நேரத்திற்கு வெப்பநிலை (temperature) "T" மதிப்பைக் காண்போம்.

$t = 5$ எனும் போது,

$$T = 76 - 39e^{0.298(5)}$$

$$= 76 - 39(0.2254)$$

$$T = 67.2°F$$

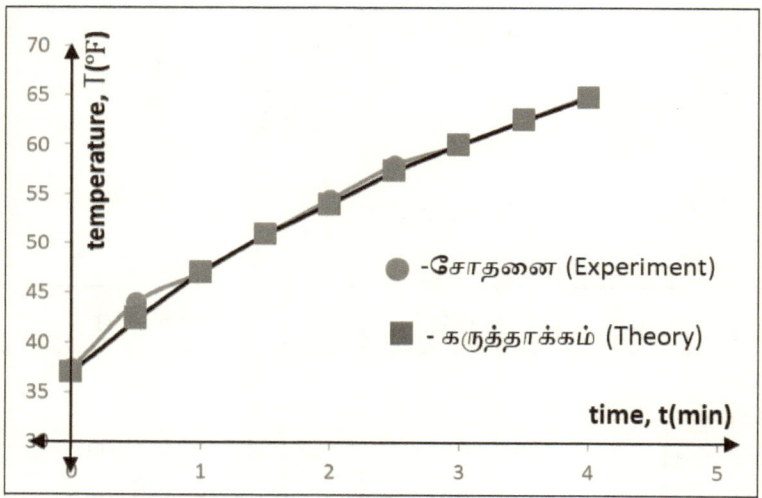

படம் 10.1: சோதனை (Experiment) மற்றும் கருத்தாக்கம் (Theory) மூலம் கிடைக்கப் பெற்ற வெப்பநிலைகளைக் குறிக்கும் வரைபடம்

இப்போது படம் 10.1 -ஐப் பார்க்கும் போது நமக்குத் தெரியும். கருத்தாக்கத்தின் (By therotically or by equation) மூலம் கிடைத்த மதிப்பு சோதனையுடன் (By expermentation) எந்த அளவிற்குத் துல்லியமாக மேற்பொருந்துகிறது என்பதைக் காணலாம்.

இப்போது நாம் இந்தச் சோதனையைப் பல்வேறு முறை செய்து சரியான நேரம் மற்றும் அதற்குரிய வெப்பநிலையை (temperature) துல்லியமாகப் பெற வேண்டும். இங்குப் பொருளைக் குளிர்ந்த இடத்திலிருந்து சூடான இடத்திற்கு மாற்றும்போது அதில்

ஏற்படுகின்ற வெப்பநிலை மாற்றமானது ஒரு குறிப்பிட்ட விதியைத் தவறாமல் பின்பற்றுகிறது, என்பதை நாம் பாரக்கலாம்.

மேலும் இங்கு வகையீடு அல்லது சாய்வு கண்டறிதல் (differentiate or slope finding) மற்றும் தொகையீடு (integration or anti differentition) ஆகியவற்றின் துணை இல்லாமல் நம்மால் தீர்வை ஒரு போதும் கண்டறிய இயலாது. பொதுவான சூத்திரங்களை (formula or fuction) உருவாக்க இவை இரண்டுமே கண்டிப்பாகத் தேவை.

எனவே எந்த ஒரு கணிதச் சூழ்நிலையிலும் ஒரு பொதுவான சூத்திரம் அல்லது சார்பைப் (function) பெற்றிருப்பது அதை எளிதாகத் தீர்க்க வழிவகைச் செய்யும். இது தான் தொகையீட்டின் அல்லது பரப்பு கண்டறிதலின் (integration or area finding) ஒரு எதிர்பாராத பயன் ஆகும். இப்போது வகைக்கெழுச் சமன்பாடுகளில் (differential equation) பல்வேறு வகைகள் உள்ளன. அவை ஒவ்வொன்றும் பல்வேறு முறைகளில் தீர்க்கப்படுகின்றன.

இப்போது நம் வாழ்க்கையைப் பிரதிபலிக்கும் சில சூழ்நிலைப் பிரச்சனைகளில் வகைக்கெழு சமன்பாடுகளின் பயன்பாட்டை உணர்த்தும் ஒரு நடைமுறைக் கணக்கைப் பார்க்கலாம்.(Application of Differential Equations)

எடுத்துக்காட்டு:

ஒரு இறந்தவர் உடலை மருத்துவர் பரிசோதிக்கும் போது, இறந்த நேரத்தைத் தோராயமாகக் கணக்கிட வேண்டியுள்ளது. இறந்தவரின் உடலின் வெப்பநிலை காலை 10:00 மணியளவில் 93.4 °F எனக் குறித்துக் கொள்கிறார். மேலும் 2 மணி நேரம் கழித்து வெப்பநிலை அளவை 91.4 °F எனக் காண்கிறார். அறையின் வெப்பநிலை அளவு 72 °F எனில், இறந்த நேரத்தைக் கணக்கிடுக. (ஒரு மனித உடலின் சாதாரண உஷ்ண நிலை 98.6 °F எனக் கொள்க.)

தீர்வு:

't' என்ற நேரத்தில் உடலின் வெப்பநிலையினை 'T' என்க.

நியூட்டனின் குளிர்ச்சி விதிப்படி, (According to Newton law of Cooling)

$$\frac{dT}{dt} \propto (T - 72)$$

[ஏனெனில் S = 72 °F]

$$\frac{dT}{dt} = k(T - 72)$$

$$dT = k(T - 72)dt$$

$$\frac{dT}{(T - 72)} = kdt$$

இப்போது இருபுறமும் தொகையிட,

$$\int \frac{dT}{(T - 72)} = \int kdt$$

$$\ln(T - 72) = kt + C$$

$$T - 72 = e^{kt+C}$$

$$T = 72 + e^{kt}e^{C}$$

$$T = 72 + Ce^{kt}$$

[முதலில் குறிக்கப்பட்ட நேரம் காலை 10 மணி என்பது t=0 என்க.

t=0 ஆக இருக்கும் போது, T = 93.4 °F

$$93.4 = 72 + C$$

$$C = 21.4$$

[நேரத்தின் துல்லியத்தன்மையை அதிகரிக்க மணியானது நிமிடமாக எடுத்துக் கொள்ளப்படுகிறது.]

$t = 120$ எனில் $T = 91.4°F$

$$91.4 = 72 + 21.4e^{120k}$$

$$e^{120k} = \frac{19.4}{21.4}$$

$$120k = \ln\frac{19.4}{21.4}$$

$$k = \frac{1}{120}\ln\frac{19.4}{21.4}$$

$$k = -0.000817$$

$$T = 72 + 21.4e^{-0.000817t}$$

t_1 என்பது இறந்த நேரத்திற்குப் பின் காலை 10 மணிக்கு உள்ளான நேரம் என்க,

$t = t_1$ எனும்போது $T = 98.6°F$

$$98.6 = 72 + 21.4e^{-0.000817t_1}$$

$$21.4e^{-0.000817t_1} = 98.6 - 21.4$$

$$e^{-0.000817t_1} = \frac{26.6}{21.4}$$

$$-0.000817t_1 = \ln\frac{26.6}{21.4}$$

$t_1 = -266.24$ நிமிடங்கள் $= -4$ மணி 26 நிமிடம்

அதாவது முதல் அளவீடான காலை 10 மணிக்கு முன்னதாக 4 மணி 26 நிமிடம்.

$\therefore$ இறந்த நேரம் தோராயமாக $= 10:00 - 4:26 = 5:34 \text{ AM}$.

$\therefore$ இறந்த நேரம் $= 5:34 \text{ AM}$.

இப்போது இதுவரை வகையீடு அல்லது சாய்வு கண்டறிதல் (differentiate or slope finding) என்றால் என்னவென்று முதலில் பார்த்தோம். பின்பு அதன் எதிர் செயலான தொகையீடு அல்லது பரப்பு கண்டறிதல் அல்லது எதிர் வகையீடு (integration or area finding or anti differentition) என்றால் என்னவென்று விளக்கமாகப் பார்த்தோம். இவை இரண்டும் ஒன்று சேர்ந்து வகைகெழுச் சமன்பாடு (differential equation) என்ற புதிய பிரிவை உண்டாக்கின. வகைகெழுச் சமன்பாட்டை (differential equation) அமைப்பதற்கு அடிப்படைத் தேவை சூழ்நிலையைப் பிரதிபலிக்கும் ஒரு கணிதத் தொடர்பு அவ்வளவு தான். பல்வேறு இயற்பியல் சூழ்நிலைகளைப் (physical situation) பிரதிபலிக்கும் வகைகெழுச் சமன்பாடுகள் (differential equation) உண்டாக்கப்பட்டு அவற்றின் தீர்வுகளும் கண்டறியப்பட்டுவிட்டன. ஆனால் இன்னும் பல்வேறு சமன்பாடுகள் கருத்தாக்க முறையில் (theoretically) தீர்க்கப்படாமலேயே உள்ளது. அது போல நிறையச் சூத்திரங்கள் (formula) இன்னும் கண்டறியப்பட வேண்டியும் உள்ளது. சொல்ல முடியாது, அதில் ஏதேனும் ஒன்றை நீங்கள் கூடக் கண்டுபிடிக்கலாம்.

www.ingramcontent.com/pod-product-compliance
Lightning Source LLC
Chambersburg PA
CBHW021408210526
45463CB00001B/274